Geologie des Landes Salzburg

Walter Del-Negro

Geologie
des Landes Salzburg

Schriftenreihe des Landespressebüros

SCHRIFTENREIHE DES LANDESPRESSEBÜROS

Serie »Sonderpublikationen«, Nr. 45

Verleger: Amt der Salzburger Landesregierung, Landespressebüro (Presse- und Informationszentrum des Bundeslandes Salzburg); Herausgeber: Eberhard Zwink, Pressesprecher der Landesregierung; Redaktion: Oberrat Dr. Bernhard Hütter; alle Chiemseehof, 5010 Salzburg. Hersteller: Satz – Fotosatz Rizner, Salzburg; Druck – Sochor, Zell am See.
Alle Rechte, insbesondere das des auszugsweisen Abdruckes und der photomechanischen Wiedergabe, vorbehalten.

Erschienen im Juni 1983

ISBN 3-85015-003-8

Inhalt

3

Zum Geleit

Im Rahmen der Schriftenreihe der Geologischen Bundesanstalt „Geologie der österreichischen Bundesländer in kurzgefaßten Einzeldarstellungen" erschien 1960 der Band „Salzburg", dessen Autor, Herr Univ.-Prof. Dr. Walter Del-Negro, nunmehr sein umfassendes Fachwissen und seine Kenntnisse der Weiterentwicklung der geologischen Erforschung des Bundeslandes Salzburg in die vorliegende Gesamtdarstellung eingebracht hat.

Dabei ist hervorzuheben, daß es sich nicht um eine einfache Neuauflage handelt, sondern daß die Forschungsergebnisse der inzwischen vergangenen dreiundzwanzig Jahre eine echte Kenntniserweiterung darstellen, die vom Autor zusammenfassend zur Neudarstellung gelangt ist.

Wie umfassend dies erfolgt ist, zeigt der Vergleich der Literaturzitate der seinerzeitigen mit der neuen Fassung. Waren es 1960 etwa vierhundert Publikationen, die unter „Literaturhinweise" aufgeschienen sind, so umfaßt das Literaturverzeichnis nunmehr weit über tausend Publikationen!

Die Geologische Bundesanstalt dankt Herrn Univ.-Prof. Dr. Walter Del-Negro für die enorme Arbeit, der er sich zur Neuherausgabe des Bandes „Die Geologie des Landes Salzburg" unterzogen hat, und begrüßt die Initiativen des Amtes der Salzburger Landesregierung bzw. des Landespressebüros des Bundeslandes Salzburg und des Landesgeologen, Herrn Dr. Rudolf Vogeltanz, ebenso wie die des Mentors der Arbeit, Herrn Univ.-Prof. Dr. Günther Frasl, die das Zustandekommen dieser Publikation ermöglicht und nach Kräften gefördert haben. Die Direktion der GBA hat in diesem Sinne gern die Einwilligung gegeben, daß der 1960 erschienene Band „Salzburg" ihrer „Geologie der Österreichischen Bundesländer in kurzgefaßten Einzeldarstellungen" als Grundlage herangezogen wird.

Wir wünschen dem von uns hochgeschätzten Autor besten Erfolg und seinem Werk eine besonders weitreichende Verbreitung zum Nutzen des Bundeslandes Salzburg und zum Nutzen der Geologie Österreichs.

Hofrat Prof. Dr. T. E. Gattinger
Direktor
der Geologischen Bundesanstalt

Vorwort

Die vorliegende Publikation kann rechtzeitig zum 85. Geburtstag ihres Autors, Herrn Univ.-Prof. Dr. Walter Del-Negro, erscheinen und damit ein Zeichen für die erstaunliche Schaffenskraft eines universalen Geistes setzen. Prof. Del-Negro ist nämlich nicht nur Naturwissenschaftler – als solcher war er im Mittelschullehramt und als Gastdozent an der Universität Salzburg tätig –, sondern hat auch als habilitierter Philosoph sechs Bücher über Erkenntnistheorie und Kant sowie 34 Zeitschriftenaufsätze verfaßt. Sein geographisch-geologisches Schriftenverzeichnis umfaßt 47 Titel, darunter neben deckentheoretischen Arbeiten über die Salzburger Kalkalpen das 1950 erschienene Standardwerk „Geologie von Salzburg".

Seine gründliche, vor allem dem tektonischen Bau der heimischen Gesteinswelt zugewandte Denkweise und seine umfassende Literaturkenntnis prädestinieren ihn zum Kompilator der besonders nach dem 2. Weltkrieg unübersehbar gewordenen Einzelveröffentlichungen und der in ihnen vermittelten Erkenntnisse über die Geologie des Salzburger Landes. Die geologische Wissenschaft hat – ähnlich wie die Medizin – durch den technischen Fortschritt in der Untersuchungsmethodik und den Einsatz der elektronischen Datenverarbeitung in den letzten Jahrzehnten einen ungeheuren Aufschwung genommen, der aber leider auch eine Aufsplitterung in zahlreiche Unterdisziplinen und damit ein Spezialistentum mit sich brachte. Es wurde immer schwerer, in der verwirrenden Vielfalt von Forschungsergebnissen die Übersicht zu behalten, ohne die ein besseres Verständnis der Erdkruste nicht möglich ist. Von diesem Verständnis profitiert nicht nur die wissenschaftliche Theorie, sondern auch die Praxis der Rohstoff- und der Trinkwasserversorgung und des Bauwesens.

Daher besteht auch aus der Sicht der Verwaltung größtes Interesse nach einem kurzgefaßten Überblick über die Geologie von Salzburg und die moderne Fachliteratur, weil daraus für den Sachverständigendienst im bau- und wasserrechtlichen Verfahren, aber auch auf den immer wichtiger werdenden Gebieten der Raumordnung und des Natur- und Umweltschutzes die notwendigen fachlichen Quellen des aktuellen Wissensstandes aufgefunden werden können. Gerade diese Aufgabe erfüllt dieses Buch in hervorragender Weise.

Es ist daher sowohl Herrn Prof. Del-Negro als auch Herrn Chefredakteur Eberhard Zwink seitens der Landesgeologie Dank abzustatten. Das Entgegenkommen von Herrn Hofrat Prof. Dr. T. E. Gattinger, Direktor der Geologischen Bundesanstalt in Wien, ermöglichte die Drucklegung durch das Land. Herr Univ.-Prof. Dr. G. Frasl vom Institut für Geowissenschaften der Universität Salzburg förderte dieses Buch nicht nur als Mentor, sondern ermöglichte auch den Zugang zur Institutsbibliothek sowie das Lektorat und die Reinzeichnungen der Beilagen durch Institutsangehörige. Der Otto Müller Verlag, Salzburg, stellte entgegenkommenderweise die einprägsamen Farbbilder aus dem Landeskundlichen Flugbildatlas Salzburg zur Verfügung.

Schließlich verbindet sich mit den herzlichsten Geburtstagswünschen für den jubilierenden Autor, Herrn Univ.-Prof. Dr. Walter Del-Negro, die Hoffnung, daß das Werk möglichst viele Interessenten erreichen und so zum Gedeihen der Geologie in unserem Land beitragen möge.

Dr. Rudolf Vogeltanz
Landesgeologe

I. Die großen Einheiten und ihre Entwicklung

1. Anteil an der M o l a s s e z o n e (Alpenvorland) nördlich einer Linie, die von der Gegend südöstlich Oberndorf über Nußdorf zum Niedertrumersee verläuft.

2. Anteil am H e l v e t i k u m (als Fortsetzung der Zone von Kressenberg in Bayern) im Oichtental zwischen Nußdorf und Weitwörth einsetzend, von da über den Teufelsgraben bei Seeham und über Mattsee zum Ostufer des Niedertrumersees zu verfolgen.

3. U l t r a h e l v e t i k u m (am Südrand der helvetischen Zone und in einem Fenster am Tannberg) bzw. K l i p p e n s e r i e (in den Fenstern südlich des Wolfgangsees).

4. Anteil an der F l y s c h z o n e, südlich der helvetischen Zone bis zu einer Linie Saalach nördlich Walserberg – Mülln – Nordfuß des Nocksteinzuges – nördlich des Fuschlsees – Nordfuß des Schober und der Drachenwand – Nordfuß des Schafberges reichend.

5. W a l s e r b e r g s e r i e (beiderseits der Saalach nördlich des Walserberges).

6. Anteil an den nördlichen K a l k a l p e n, von der eben angegebenen Linie nach S bis zum Südfuß des Leoganger Steinberges, des Steinernen Meeres und des Hochkönigs, weiter bis Bischofshofen – N Hüttau – N Filzmoos reichend.

7. Anteil an der G r a u w a c k e n - oder S c h i e f e r z o n e, die an die nördlichen Kalkalpen südlich anschließend bis zur Linie Salzachlängstal – Flachau – quer durch die südlichen Seitentäler der Enns reicht.

8. A l t k r i s t a l l i n d e s ö s t l i c h e n L u n g a u (Schladminger Kristallin, Glimmerschiefergebiet des südöstlichen Lungau).

9. R a d s t ä d t e r T a u e r n mit Fortsetzungen nach Süden zum Katschberg, nach Westen bis in die Gegend von Krimml.

10. Anteil am T a u e r n f e n s t e r im wesentlichen im Bereich der Hohen Tauern.

Die Gesteine der Molassezone gehören (soweit sie aufgeschlossen sind) zum Miozän, die des Helvetikums zur Oberkreide, zum Paleozän und zum Eozän, die des Ultrahelvetikums einschließlich der Klippenserie zum Tithon, zur Kreide und zum Eozän, die der Flyschzone zur Kreide (Neokom bis Maastricht) und zum Paleozän, die der Walserbergserie zur Kreide (Alb-Turon), die der Kalkalpen überwiegend zum Mesozoikum, nur örtlich auch zum Eozän, die der Grauwackenzone zum Paläozoikum – doch ist in sie der mesozoische Mandlingszug und das diesem aufgelagerte Ennstaler Tertiär eingeschaltet –; im östlichen Lungau ist außer dem Altkristallin ebenfalls Tertiär vorhanden, die Radstädter Tauern sind aus Gneisen, paläozoischen und mesozoischen Gesteinen zusammengesetzt, im Tauernfenster gibt es ebenfalls Altkristallin, paläozoische und mesozoische Gesteine, wobei die Altersbestimmung in manchen Fällen noch umstritten ist.

Der Bau des ganzen Gebietes wird von mehr oder weniger großräumigen Überschiebungen beherrscht, dazu kommen Schuppenbildungen, Falten, Brüche, Blattverschiebungen.

Mehrere Orogenesen sind über das Gebiet hinweggegangen. Wenn man von dem in der Grauwackenzone faßbaren „kaledonischen Ereignis" absieht, das durch den Erguß saurer Vulkanite im obersten Ordoviz mit nachfolgender Transgression des tiefen Silur angedeutet wird, aber kaum als vollwertige Orogenese aufgefaßt werden kann, ist eine variszische Orogenese während des Oberkarbons in der Grauwackenzone und in den Hohen Tauern zu erkennen; in diesen kam es im Zusammenhang damit im Oberkarbon und Perm zur Intrusion granitischer und verwandter Magmen, nach deren Freilegung jüngere Gesteine darauf transgredierten. Das heutige Bild wird aber vor allem durch die alpidische Orogenese bestimmt, die – nachdem es schon im Jura zu gravitativer Gleittektonik im Bereich der Kalkalpen gekommen war – in eine frühalpidische kretazische und eine jungalpidische tertiäre mit je mehreren Teilphasen aufgegliedert werden kann.

Das paläogeographische Bild vor der alpidischen Orogenese unterscheidet sich sehr wesentlich von der heutigen Aufeinanderfolge der Zonen. Im Bereich der heutigen Molassezone, die von dem (nach Ausweis der in Niederösterreich niedergebrachten Bohrungen und seismischer Erkundungen heute bis weit unter die Kalkalpen reichenden) böhmischen Massiv unterlagert wird, wurden im Mesozoikum geringmächtige triadische, jurassische und kretazische Gesteine abgelagert, die von den bayerischen Geologen als autochthones Helvetikum bezeichnet werden. Daran schloß sich nach Süden das heute in allochthoner Form vorliegende Helvetikum, das noch von den jungalpidischen Bewegungen erfaßt wurde und heute auch bis unter die Kalkalpen reicht, weiter südlich das Ultrahelvetikum mit der Klippenserie, dann der in einem erst zu Beginn der Kreidezeit gebildeten tiefen Trog sedimentierte „rhenodanubische" Flysch, der meist als nordpenninisch eingereiht wird, südlich davon die mittelpenninische Schwelle mit den später zu Zentralgneisen umgebildeten granitoiden Gesteinen der Hohen Tauern, die eine geringmächtige mesozoische Hülle mit teilweise dem jurassischen Anteil der ultrahelvetischen Klippenserie verwandten Gesteinen besitzt, weshalb manche Geologen diese Schwelle in der Zeit vor der Bildung des nordpenninischen Flyschtroges, also im Jura, noch zum Helvetikum im weiteren Sinne rechnen, das den Südrand des europäischen Kontinentes bedeckt. Südlich dieser Schwelle entstand im Jura durch Zerreissen des ursprünglichen Zusammenhanges zwischen europäischer und Adriaplatte der eugeosynklinale Trog des Südpenninikums, in dem ein großer Teil der Tauernschieferhülle gebildet wurde; vor allem die jurassischen bis neokomen Gesteine der „Oberen Schieferhülle", die den Bündner Schiefern mit Ophiolithen der Westalpen entsprechen, sind nach heutiger Auffassung im Bereich ozeanischer Kruste entstanden. Der südpenninische Ozean trennte die europäische Platte im Norden von der Adriaplatte im Süden. (Nach TOLLMANN wäre dies allerdings noch nicht die Adriaplatte, sondern eine Zwischenplatte.) Am Kontinentalrand dieser südlichen Platte fand meist in Seichtwasserbereichen die Sedimentation des Unterostalpins der Radstädter Tauern und ihrer Fortsetzungen, die heute den äußeren Rahmen des Tauernfensters bilden, statt, südlich davon ist das mittelostalpine Kristallin (z. B. im östlichen Lungau) mit auflagerndem, geringmächtigen „Zentralalpinen Mesozoikum« (z. B. Stangalpenmesozoikum nahe der Südostecke des Lungaus) anzuordnen, noch weiter südlich nach der meistverbreiteten Ansicht das Oberostalpin mit der Grauwackenzone und den mit dieser ursprünglich im Transgressivverband stehenden Nördlichen Kalkalpen. Hinsichtlich dieser beiden Einheiten herrscht Uneinigkeit darüber, ob sie nördlich oder südlich des Drauzuges (Lienzer Dolomiten, Gailtaler Alpen, Nordkarawanken) beheimatet sind; ich bevorzuge erstere Meinung, weil der Drauzug faziell zwischen Nördlichen und Südlichen Kalkalpen steht – vor allem im Perm und Anis besteht große Verwandtschaft zu den Dolomiten, auch der Kreideflysch der Lienzer Dolomiten hat Beziehungen zu den Südalpen – und weil der Drauzug keinerlei Spuren einer Überschiebung durch so mächtige Gesteinsmassen zeigt, wie sie Grauwackenzone und Nördliche Kalkalpen zusammen darstellen. Im oberostalpinen Bereich war es seit dem Oberperm zur Bildung mariner Schichten gekommen, die aber zumeist Seichtwasserablagerungen waren und nur infolge stetiger Senkungen große Mächtigkeit erlangen konnten. Im Jura kam es dort zu tektonischer Unruhe und Bildung von Schwellen und Teilbecken, was submarine Gleitungen von den Schwellen in die Becken z. T. über große Entfernungen zur Folge hatte. In der Kreide setzte nach den heute gängigen plattentektonischen Vorstellungen die Subduktion der südpenninischen Ozeankruste unter die südlich von ihr gelegene Platte mit dem Ostalpin ein. Das gesamte Ostalpin wurde im Zusammenhang damit in der Oberkreide von großen Deckenbewegungen erfaßt (frühalpidische Tektonik), das Oberostalpin schob sich über das Mittelostalpin und beide gemeinsam über das Unterostalpin, wobei es außerdem noch zur Teildeckenbildung kam. Nach der vollständigen Subduktion des Südpenninikums erfolgte wohl noch während der späten Oberkreide die Kollision des Ostalpins mit dem Mittelpennin, sodaß im Südpenninikum keine Sedimentation mehr möglich war; dieses selbst wurde während der Subduktion tektonisch unter der Belastung der ostalpinen Einheiten stark deformiert. Unterdessen hatte sich ab der Unterkreide der nordpenninische Flyschtrog gebildet. Im Eozän und Oligozän verlagerte sich der Subduktionsvorgang nach Norden, auch der Flyschtrog wurde von ihr erfaßt und großenteils von den oberostalpinen Kalkalpen überschoben, teilweise aber vor deren Front zusammengeschoppt. Im Oligozän wurden auch Ultrahelvetikum und Helvetikum von diesen Vorgängen erfaßt, sie liegen heute weithin unter der Flyschzone bzw. unter den Kalkalpen begraben (worauf Fenster hinweisen), nur der nördliche Teil des Helvetikums wurde vor der Front der Flyschzone verschuppt und verfaltet. Schließlich wurde auch die Molasse, die sich seit dem Eozän in einem Trog vor der Front der Alpen gebildet hatte, zu großen Teilen subduziert und, wie die niederösterreichischen Bohrungen (Urmannsau, Berndorf) zeigen, weit unter die Alpen abgesaugt. Unter den Kalkalpen liegen heute also Teile des Flyschs, des Ultrahelvetikums, der Molasse und des böhmischen Kristallins.

I/1. Molasse

G e s t e i n e (soweit an der Oberfläche anstehend):

B a d e n	Süßwassermolasse (nur bei St. Georgen aufgeschlossen)
O t t n a n g (ca. 300 m) (= Innviertler Serie)	Oncophoraschichten (in Salzburg nicht aufgeschlossen) Glaukonitsande Marine mergelige Feinsande mit drei eingelagerten Schotterzügen (Gerölle aus Quarz, Kristallin, kalkalpinem Material, Lithothamnienkalk; Fossilien: Austern, Pecten, Balaniden, Bryozoen)
E g g e n b u r g (ca. 600 m) (= Haller Serie)	Fossilleerer Feinsand (Sandmergel) mit Sandsteinbänken Fossilführende Mergel mit Geröllen aus Quarz, Kristallin, Dolomit

Von N nach S treten immer ältere Schichtglieder auf.

G e s t e i n e (durch Bohrungen nachgewiesen):

Miozän	O b e r e g e r (=Ob. Puch-kirchner S.)	bräunlichgraue, geschichtete Tonmergel mit Sandbestegen, örtlich Sandsteine, Schotter und Konglomerate
	U n t e r e g e r (=Unt. Puch-kirchner Serie)	Tonmergel, Sande, Sandsteine, Konglomerate. Sandige Schichten hauptsächlich im oberen Teil
Oligozän	R u p e l	Tonmergelstufe: dunkelgraue Tonmergel und Mergel, lagenweise (oft dünne) harte Tonmergel- und Mergelsteine, untergeordnet harte Sandsteinlagen (besonders im oberen Teil) Bändermergel: dunkelgraue feinschichtig gebänderte Tonmergel (nur einige Meter mächtig) Heller Mergelkalk: meist hellgraue, schichtig gestreifte harte Kalkmergelsteine bis Mergelkalke (einige Meter mächtig)
	L a t t o r f	Fischschiefer: dunkle Tonmergel mit Fischresten (einige Meter mächtig). Lithothamnienkalk (wechselnd, aber geringmächtig).
Eozän	O b e r e o z ä n	Lithothamnienkalke, Lithothamniensandsteine, Lithothamnien-Quarzsandsteine Sandsteine, Tonmergel Sandsteine, Tone, Kohlentone Transgressionshorizont

Grundgebirge mit lückenhafter mesozoischer Decke.

Nach K. KOLLMANN und MALZER, 1980, liegt über dem böhmischen Kristallin des Untergrundes kein Oberkarbon, nur in der Bohrung Perwang wurde fragliche Trias angetroffen, erst der marine Malm (mit Dolomiten und Kalken) hat größere Verbreitung; nach Schichtlücke in der Unterkreide folgen Sandsteine und Mergel der Oberkreide. Nach einer Phase der Trockenlegung und Abtragung beginnt im Obereozän die Absenkung des eigentlichen Molassebeckens. Das Eozänmeer stieß aus dem Raum des heute großenteils unter Flysch und Kalkalpen verborgenen Helvetikum vor, daher bestehen viele Ähnlichkeiten des Eozäns der Molasse mit dem von Mattsee und St. Pankraz.

Die Absenkung des Molassebeckens war ein einseitiger, gegen die Alpen hin gerichteter Vorgang. Im tieferen Oligozän wurden größere Meerestiefen erreicht, es kam zur Ablagerung toniger Sedimente; im höheren Rupel und besonders im höheren Oligozän (Puchkirchner Serie) wurden in das Molassemeer von den Alpen her Grobsedimente (Konglomerate, Sandsteine) eingeschüttet. Die tiefe asymmetrische Absenkung im Zeitraum zwischen Obereozän und höherem Oligozän ist durch Subduktion unter die Alpen bedingt. Diese kommt an der Wende zum Miozän zum Stillstand, auch die Einschüttungen der Grobsedimente lassen nach. Das Miozän transgrediert mit feineren Sedimenten, die Trogachse verlagert sich nach Norden. Die marine Schichtfolge endet im höchsten Ottnang mit den schon brackisch beeinflußten Oncophoraschichten; ihr wird im Kobernaußer Wald (Oberösterreich) und im Raum Oberndorf-Trimmelkam die kohleführende Süßwassermolasse diskordant aufgelagert.

Nach HAGN (Geol. Bav. 82, 1981) sind Molasse und Helvetikum ursprünglich nicht völlig verschiedene paläogeographische Einheiten, da die eozänen und unteroligozänen Molassesedimente nach den Befunden in Bayern in Helvetikum eingebettet sind. Er denkt an sedimentäre Verhüllung der Flyschzone während des Eozäns und Unteroligozäns und Verbindung der eozänen und unteroligozänen Sedimente des Vorlandes mit den gleichaltrigen Sedimenten des tirolischen Inntales im Bereich der Kalkalpen. Ähnlich W. FUCHS, 1980, der eine solche Verbindung auch mit dem Eozän des Untersbergvorgeländes annimmt, das also in einer Bucht des Vorlandmeeres abgelagert worden wäre. Jedenfalls wurden aber durch die jungalpidischen Überschiebungen im Zuge der Subduktion des Vorlandes Eozän bis Eger unter Flysch und Kalkalpen gebracht, wie sich in der Bohrung im niederösterreichischen Urmannsau zeigte (in der Bohrung Berndorf auch noch Eger).

Bau:

Am Südrand, an der Grenze gegen das Helvetikum, sind die eggenburgischen Mergel steil aufgerichtet (30–90°). Die Breite dieser steil aufgerichteten Zone beträgt 1 km, in einem weiteren Streifen von 3 km Breite vollzieht sich, im Bereich der marinen Ottnangschichten, das Ausklingen der Aufrichtung von 30 auf 5°. Das Streichen dreht sich von SW–NE im Oichtental auf W–E am Niedertrumersee entsprechend der Grenze gegen das Helvetikum. Das steile Nordfallen ist auf den Südteil des Miozäns beschränkt, während im (nicht aufgeschlossenen) Oligozän auf Grund reflexionsseismischer Untersuchungen flaches Südfallen unter das Helvetikum anzunehmen ist.

Die Grenzfläche zwischen den eggenburgischen Geröllmergeln und dem südlich folgenden Helvetikum fällt, wie durch Bohrungen südlich Fraham erwiesen werden konnte, sehr steil S.

Diese Grenzfläche („Alpenrandstörung") wurde von den neueren Bearbeitern des Gebietes verschieden gedeutet.

Nach TRAUB ist sie eine Vertikalstörung, weil in den Schottern, die im Ottnang eingelagert sind, fast keine Flyschgerölle und keine sicheren Gerölle aus dem Helvetikum anzutreffen seien, wohl aber kalkalpines Eozän neben anderen kalkalpinen und zentralalpinen Geröllen; dies sei so zu verstehen, daß zur Zeit ihrer Bildung Helvetikum und Flysch noch von Molasseschichten bedeckt gewesen seien, erst nach Hebung des Helvetikums und der Flyschzone längs jener Vertikalstörung seien die Molasseschichten, die Helvetikum und Flysch bedeckten, abgetragen worden.

ABERER und BRAUMÜLLER hingegen deuten die Grenzfläche als Überschiebungsfläche, die nachträglich versteilt wurde; dafür spreche das Verschwinden der Molassefalten unter dem bogenförmig vordringenden Helvetikum an der bayrischen Traun, ihr Wiederhervortreten bei Bad Hall sowie das Südfallen des Molasseoligozäns unter das Helvetikum. Die Aufrichtung des Eggenburg wird durch das Vordringen des Helvetikums erklärt. Die Versteilung der Grenzfläche ist nicht auffallend, da auch die Schuppenflächen innerhalb des Helvetikums und die Überschiebung des Flysch auf das Helvetikum die gleiche Versteilung aufweisen.

Denkbar wäre allerdings auch eine Vermittlung der gegensätzlichen Auffassungen in dem Sinne, daß nach erfolgter Überschiebung über die Oligozänmolasse ein transgressives Übergreifen der Miozänmolasse über die südlich anschließenden Einheiten erfolgte, wenn diese nicht höher aufragten. In der Abb. 5 der erwähnten Arbeit von KOLLMANN und MALZER ist in einem oberösterreichischen Profil ein solches Übergreifen der Haller Serie über das dort in der Tiefe liegende Helvetikum vor der Flyschstirn angegeben.

Der Bau des Molassebeckens ist asymmetrisch; die größten Mächtigkeiten treten in seinem Südteil auf (ca. 4000 m). Im Gegensatz zum Eggenburg und Ottnang, die am Alpenrand steiles Nordfallen zeigen, fallen die Oligozänschichten dort flach nach Süden unter das Helvetikum ein, was die Überschiebung des letzteren über die Molasse besonders deutlich unter Beweis stellt; es ergibt sich also hier eine fächerförmige Struktur des Miozän-Oligozän-Schichtstoßes. Dies bedeutet eine auffallende, stratigraphisch nicht begründbare Mächtigkeitszunahme des Oligozäns in unmittelbarer Nähe der Alpenüberschiebung, die von vornherein die Vermutung nahelegen mußte, daß sie im Bau begründet sein könnte.

Diese Vermutung wurde durch eine bei Perwang (an der oberösterreichisch-salzburgischen Grenze) bis zur Tiefe von 3528,8 m niedergebrachte Bohrung bestätigt. Nach Durchfahren des Ottnang, Eggenburg und Obereger erreichte die Bohrung Rupel (das tiefere Eger fehlt hier), Lattorf und mit 60° nach Süden fallendes Obereozän; hierauf durchteufte sie ein schmales Band von Untereger, dann wieder Rupel, Lattorf und Obereozän sowie Oberkreide. Darunter folgte eine weitere Schuppe mit Obereozän und Oberkreide, dann noch eine mit Rupel, Lattorf, Obereozän, Oberkreide und hierauf erst die normal lagernde Serie Untereger – Rupel – Lattorf – Obereozän, schließlich vermutliche Trias.

Es zeigte sich also in der Tiefe zwischen 1604 und 2661 m ein komplizierter Schuppenbau, der in einer Entfernung von mehr als 4 km alpenauswärts vom obertägigen Ausstrich der Überschiebung des Helvetikums über die Molasse auftritt und als Fernwirkung dieser Alpenüberschiebung aufzufassen ist. Die Entstehung dieses Schuppenpaketes fällt in die savische Phase vor dem oberen Eger.

I/2. Helvetikum

Gesteine:

Höheres Mitteleozän (vielleicht auch Obereozän)		Stockletten (Globigerinenmergel) und „Granitmarmor" (Nulliporensandstein)
Mitteleozän (Lutétien)		Fossilschicht (dunkelgraue, glaukonitische Tonmergel mit Bivalven und Gastropoden)
		Schwarzerz (Nummulitenkalksandstein); im nördlichen Abschnitt vertreten durch die Adelholzener Schichten (Kalke und Mergel mit Assilinen und Discocyclinen)
Untereozän (Cuisien)		Mittelschichten (gelbe Quarzsande und mürbe Quarzsandsteine, bei Mattsee limonitische Sandsteine)
		Roterz (rotbrauner Nummulitenkalksandstein) feinkörniges Konglomerat, Sandstein, Sandmergel, Mürbsandstein mit *Exogyra eversa.*
Paleozän		Lithothamnienkalk dunkelgrauer sandiger Tonmergel und Glaukonitsandstein mit *Thurammina papillata*
		dunkelgrauer, sandiger Tonmergel mit Glaukonitsandstein mit reicher Makrofauna (bearbeitet von TRAUB); Mikrofauna Kalkschaler
Senon	Maastricht, höchstes Campan	Gerhardsreuter Schichten (graue sandige Tonmergel und Mergel)
	Höheres Campan	Pattenauer Mergel (graue Fleckenmergel mit Inoceramen, Ammoniten, *Belemnitella mucronata)*

Die Mächtigkeiten sind wegen der komplizierten Tektonik nicht durchwegs angebbar; nach TRAUB erreichen der Lithothamnienkalk 15 m, der folgende Komplex 3½ m, die Roterzschichten 10–12 m, die Mittelschichten 18 bis über 100 m, die Schwarzerzschichten 6–12 m, die Fossilschicht ½–1 m, der Stockletten bis über 100 m. Nach VOGELTANZ setzt das Untereozän transgressiv mit einer terrigen beeinflußten Fazies ein, die Roterzschichten sind Seichtwasserbildungen, die Mittelschichten haben – nach einer Hebung – wieder terrigene Fazies, die Schwarzerzschichten entsprechen einer leichten Senkung, die sich in der Fossilschicht und besonders im Stockletten verstärkt.

Der räumlichen Verteilung nach finden sich die oberkretazischen Schichtglieder im allgemeinen im nördlichen, die eozänen im südlichen Abschnitt der helvetischen Zone; doch ist das Adelholzener Eozän ganz im Norden an der Alpenrandstörung eingeklemmt (es transgrediert dort auf Kreideschichten).

Innerhalb des Helvetikum lassen sich zwei Faziesbereiche regional trennen: das Gebiet der Adelholzener Fazies im Norden, das (hier viel stärker vertretene) der Kressenberger Fazies im Süden. Zwischen beiden ist eine Schwelle anzunehmen (die „intrahelvetische Schwelle" HAGN'S; von PREY bezweifelt); eine andere (die „prävindelizische Schwelle") trennt – wegen der Faziesübergänge wohl nur als Inselgürtel – das Gebiet der Kressenberger Fazies vom südlich anschließenden Ultrahelvetikum. Das

Vorhandensein solcher Inselrücken wird durch die Funde von Landtieren im helvetischen Eozän von St. Pankraz bei Weitwörth (Tapir, Landschildkröte) bewiesen.

Bau:

Die helvetische Zone ist wenigstens in ihrem nördlichen Teil als Decke über das Oligozän der Molasse geschoben worden; sie wurde ihrerseits vom südlich anschließenden Flysch überschoben. Östlich des Oichtentales zeigt sie eine komplizierte Innentektonik mit steilgestellten Falten und Schuppen; letztere finden sich sowohl im oberkretazischen als auch im eozänen Anteil. Auch die eozänen Adelholzener Schichten nahe Nußdorf besitzen eine Falten- und Schuppenstruktur, die schräg unter spitzem Winkel an die Alpenrandstörung herangeht (ABERER und BRAUMÜLLER). Die Bohrungen (über die dieselben Autoren berichten) ergaben auch im Bereich der Trumer Seen Verschuppung wenigstens im oberkretazischen Bereich. Dazu kommen Blattverschiebungen; besonders auffallend ist die Versetzung des Wartsteins bei Mattsee gegenüber dem Eozän des Teufelsgrabens um 700 m gegen N (woraus auf eine tektonische Anlage für die Furche des Obertrumer Sees geschlossen werden kann).

Zwei Fenster des Helvetikums liegen 300 m vom Überschiebungsrand des Flysches südlich Laßberg (diese Fenster liegen nördlich der Landesgrenze). Ein weiteres helvetisches Fenster ist viel weiter südlich, am Heuberg nahe der Stadt Salzburg, aufgeschlossen (Felsen nordöstlich des Jagdhauses); es besteht aus Nummulitenkalksandstein und Lithothamnienkalk sowie kretazischen und paleozänen Mergelschiefern (PREY, 1980). Ein helvetisches Fenster fand PREY bei Kasern.

Alle diese Beobachtungen sprechen für eine sehr weiträumige Überschiebung der helvetischen Zone durch den Flysch, was durch die Beobachtungen in den Fenstern südlich des Wolfgangsees erhärtet wird.

Das Alter der Bewegungen im Helvetikum ist im allgemeinen als oligozän anzusprechen (mit Ausnahme der Aufschiebung auf die oligozäne Molasse im N und etwaiger weiterer Nachbewegungen).

I/3. Ultrahelvetikum einschl. Klippenserie

Gesteine im Bereich der Klippenserie (PLÖCHINGER).

Eozän	Buntmergel, in den Fenstern südlich des Wolfgangsees die Klippenhülle bildend
Maastricht	
Unterkreide	Graugrüne Fleckenmergel (wahrscheinlich Gault)
Tithon	Roter Flaserkalk und Radiolarit; mit dem Flaserkalk (in dem Diabasgerölle stecken) sind Magmatite (Diabas, Gabbro, Serpentin, Ophicalzit, Eruptivgesteinsbreccie) verknüpft, was submarinen Vulkanismus im Tithon belegt

Ultrahelvetikum ist zunächst in Form roter Mergel am Nordfuß des Haunsberges zwischen dem Helvetikum von St. Pankraz und dem Flysch eingeklemmt. Nach GOHRBANDT gehört auch ein Teil der früher als Stockletten des Helvetikum angesprochenen Sedimente zu den ultrahelvetischen Buntmergeln, besonders bei Mattsee. Ein Fenster mit roten Buntmergeln inmitten des Flysches findet sich im Steinbachgraben am Tannberg 750 m vom Überschiebungsrand.

Im helvetischen Fenster am Heuberg sind die kretazischen Mergel z. T. als Buntmergel entwickelt, so daß hier der Übergang ins Ultrahelvetikum angedeutet erscheint.

PLÖCHINGER konnte inmitten der Kalkalpen entlang der Wolfgangseestörung außer Flysch eine „Klippenserie" mit Buntmergeln als Klippenhülle in den beiden tektonischen Fenstern von St. Gilgen und Strobl nachweisen; es handelt sich um Ultrahelvetikum mit seiner jurassischen Unterlage, das samt dem Flysch entlang der erwähnten Störung heraufgeschürft wurde. Die eigentliche Klippenserie besteht vor allem aus Gesteinen des Tithon, die an mehreren Stellen mit Magmatiten verknüpft sind (die zeitliche Zusammengehörigkeit wird vor allem durch Diabasgerölle im Tithonflaserkalk bewiesen). Es gab also im Tithonmeer des ultrahelvetischen Bereiches initialen Magmatismus. Über dem Tithon folgen geringfügige Unterkreidemergel. Die Klippen werden von Buntmergeln des Maastricht und Eozän umhüllt. Diese Buntmergelfazies wird von VOGELTANZ als die an die prävindelizische Inselschwelle anschließende Beckenfazies gedeutet. Doch wurden in diesem Becken keineswegs solche Tiefen wie im anschließenden Flyschtrog erreicht. Immerhin vermutet KIRCHNER 1981 in den Magmatiten des Tithon in der Klippenserie des Strobler Fensters eine Ophiolithserie, was auf einen schmalen Ozeanstreifen in diesem Bereich hindeuten könnte.

Bau:

Weit vorgeschobene Schuppen des Ultrahelvetikums wurden bis an die Stirn der in großer Breitenerstreckung über das Helvetikum bewegten Flyschdecke herangeschoben. In den Fenstern südlich des Wolfgangsees bildet die von Buntmergeln umhüllte Klippenserie eine NE-vergente überkippte Antiklinale, so daß die Lagerung dort z. T. invers ist.

Zwischen Ultrahelvetikum und Flyschtrog wird häufig – so von HERM (Geol. Bav. 82, 1981) – der sogenannte „Cetische Rücken" eingeschaltet, der nach beiden Seiten Schuttströme geliefert hat. Von ihm könnte ein großer Teil des Blockmaterials stammen, das FRASL näher untersucht hat. 1979 beschrieb er Blockfunde von Granodiorit-

Tonalit, die vom Teisendorfer Raum westlich von Salzburg über das St. Gilgener Fenster bis in die Nähe von Wien reichen und weniger mit dem böhmischen Kristallin als mit Teilen des Ausgangsmaterials der penninischen Zentralgneise des Tauernfensters eine gewisse Verwandtschaft aufweisen. In Niederösterreich streuen solche Gesteine bis in die südlichste Molasse einerseits und die nördlichste Flyschzone andererseits aus. 1980 folgte die Beschreibung von Konglomeratblöcken mit Vulkanitkomponenten, die im Gaultflysch am Nordrand der Flyschzone des Haunsberges stecken, wahrscheinlich aus dem Grenzbereich Ultrahelvetikum-Flysch stammen und von FRASL mit dem permischen Verrucano des Schweizer (Glarner) Helvetikums verglichen werden. 1981 fügt er hinzu, daß der genaue Schichtverband nicht aufgeschlossen sei, weshalb die Zuweisung zum Ultrahelvetikum oder zum Nordpennin des Flysches unsicher sei. Der Bestand an Vulkanitresten zeigt mit seiner Zusammensetzung aus Melaphyr (Spilit) und Quarzporphyr die Züge eines subsequenten postvariszischen Vulkanismus des Rotliegend. Er ist primär außeralpin entstanden. Analogien zum Rotliegend im Saargebiet, am Südrand des Harz, in den Karpaten, bei Bozen und vor allem zum Glarner Gebiet werden diskutiert. Auch in diesen Gebieten zeigt sich die Mischung von saurem und basischem Magmatismus. In einer weiteren Arbeit 1982 betont er die Notwendigkeit, zwischen den dem Glarner Verrucano vergleichbaren roten Blöcken mit Melaphyrkomponenten, die einem terrestrischen Vulkanismus entstammen dürften, und grünlichen Spilit- bzw. Spilitbreccien-Blöcken, die auf subaquatischen Vulkanismus zurückzuführen sind, scharf zu unterscheiden; die letzteren dürften ein viel jüngeres (jurassisches oder kretazisches) Alter haben. Als Liefergebiet käme für sie ein südultrahelvetischer Bereich mit oberjurassischen bis unterkretazischen Calpionellenkalken in Frage, unter denen Rotliegend und Granit anstehen würden, als Alter der Ablagerung des von diesem Liefergebiet abgerutschten Materials am ehesten Unterkreide.

I/4. Flysch (Penninikum)

Gesteine:

Paleozän		Mürbsandsteinführende Oberkreide bis Paleozän (Mürbsandstein, Kalksandstein, Zementmergel, Mergel- und Tonschiefer; Inoceramen, Ammoniten), mächtig*)
	Maastricht	
Senon	Campan-Maastricht	Buntschieferhorizont (rote und graugrüne Tonschiefer mit Kalksandsteinbänkchen, geringmächtig)
	Santon-Campan	Zementmergelserie (mächtige Folge schiefriger grauer Mergel mit Bänken feinkörniger Kalksandsteine und Lagen von Tonschiefer)
Turon		Bunte Schiefer mit Kalksandsteinbänkchen (geringmächtig)
		Reiselsberger Sandstein (feldspatführender mittel- bis grobkörniger Sandstein, bis 45 m)
Cenoman		Untere bunte Schiefer (geringmächtig)
Gault		Dunkelgrüne bis schwarze Tonschiefer, graue braunverwitternde Sandsteine, grüne glaukonitische Sandsteine und Quarzite („Ölquarzite"), in basalen Lagen polygene Breccien
Neokom (Untervalendis – unteres Hauterive)		Graue, kieselige Mergel und Mergelkalke, Mergelschiefer, Sandmergel, Kalksandstein, grobe polygene Breccie (mit Kalk, Dolomit, Quarz, Quarzit, Phyllit, Granit, Gneis, Glimmerschiefer). In feinkörnigen Lagen der Breccie Aptychen und Belemniten

*) Nach Ausweis der von STRADNER untersuchten Nannofossilien reicht diese Serie ins Paleozän hinein. Nach Hinweisen von M. STURM (Die Geologie der Flyschzone im Westen von Nußdorf am Attersee, O.-Ö., unveröffentlichte Dissertation, Universität Wien 1968) ist auch mit eozänen Anteilen zu rechnen.

Die Sedimente des Flysches sind orogen, stammen also aus einem Gebiet mit Gebirgsbildung. Nach verbreiteter heutiger Auffassung sind sie wenigstens z. T. Turbidite, d. h. Sedimente, die durch weit ins Meer vordringende Trübströme abgesetzt wurden; darauf weist häufige gradierte Schichtung (mit feinem Korn im Hangenden, grobem Korn im Liegenden) hin. Jedenfalls sind es Rhythmite; so zeigt die Zementmergelserie regelmäßige rhythmische Abfolge von Mergeln und Sandsteinen. Nach neueren Forschungen sind die Flyschsedimente in beträchtlicher Meerestiefe abgelagert worden.

Während der Großteil der Salzburger Flyschzone vom Haunsberg südwärts aus Gesteinen der Zementmergelserie und der mürbsandsteinführenden Oberkreide bis Paleozän im Sinne von S. PREY aufgebaut ist, kommen am Heuberg auch tiefere Horizonte zutage. Begehungen PREYS – zum Teil gemeinsam mit dem Verf. – ergaben hier einen Faltenbau, in dessen Antiklinalen auch Neokombreccie, dunkle Gaultquarzite und -schiefer, Reiselsberger Sandstein und bunte Schiefer des Turon anzutreffen sind. In einer dieser Antiklinalen umhüllen diese tieferen Flyschanteile das helvetische Fenster, das neben den schon lange bekannten mitteleozänen Nummuliten- und Lithothamnienkalken auch rote und graue kretazische und paleozäne Mergelschiefer aufweist.

Es gelang PREY ein weiteres helvetisches Fenster in einem Graben NNW der Haltestelle Mariaplain (der Bahnstrecke Salzburg–Wien) in Gestalt eines kleinen Vorkommens von Mergelschiefern aufzufinden, die im N von Reiselsberger Sandstein flankiert sind; damit wird der Charakter der breiten Talung Kasern–Bergheim als Antiklinaltal bestätigt. (Allerdings fehlen weiter westlich, am Hochgitzen und Mariaplainer Berg, tiefere Flyschglieder als Zementmergelserie).

Südlich des Heuberges reicht die Flyschserie nachweisbar nur bis ins Tal des Alterbaches, wo steil nordfallende mürbsandsteinführende Oberkreide bis Paleozän und weiter westlich Zementmergelserie ansteht.

Am Südufer des Baches östlich Gnigl liegt ein Aufschluß von Gaultflysch (PREY 1980); E. Ch. KIRCHNER beschreibt in einer über den Raum Gnigl vom Magistrat Salzburg in Auftrag gegebenen Studie weitere Vorkommen von Gaultflysch südlich des Baches.

Die früher für Flysch gehaltenen Sandsteine, Mergel und bunten Schiefer unter dem morphologischen Kalkalpenrand des Zuges Kühberg–Nockstein, z. B. im Bergrutschgebiet von Kohlhub (R. OSBERGER nach mikropaläontologischen Bestimmungen von NOTH) erwiesen sich sowohl petrographisch als auch nach neuerlicher Untersuchung ihrer Mikrofauna (PREY) und der Schwermineralspektren (G. WOLETZ) als Gosau bzw. Nierentaler Schichten, die in den höchsten Horizonten Einschaltungen von polygener Feinbreccie nach Art der Zwieselalmschichten enthalten und ihrer Mikrofauna nach ins Dan reichen.

Die Überschiebung der Kalkalpen über den Flysch ist in diesem Bereich nirgends aufgeschlossen; sie muß nördlich von Guggenthal liegen, da ein kleines Sandsteinvorkommen westlich der Kirche Guggenthal ebenfalls noch zur Gosau gehört.

In den tektonischen Fenstern von St. Gilgen und Strobl konnte PLÖCHINGER an Flyschsedimenten unterscheiden: fragliches Neokom (in Blöcken; Mergel, Sandsteine, Breccien), reichlich verbreitet Gault (Glaukonitquarzit, glaukonitführende Sandsteine, polygene Breccien, dunkle Tonschiefer), Reiselsberger Sandstein des Cenoman-Turon, darüber bunte Schiefer, die er ins tiefere Senon stellt. Die höheren Schichtglieder sind durch die Überschiebung der Kalkalpen amputiert worden. Die ganze Folge ist den ultrahelvetischen Buntmergeln der Klippenhülle aufgelagert, vor allem sieht man häufig Blöcke aus Gaultquarzit von oben in die roten Buntmergel hineingeknetet.

Im Strobler Weißenbachtal, am SE-Ausstrich der Wolfgangseestörung, konnte PLÖCHINGER in Gesteinen des Gaultflysches ein Erdölvorkommen feststellen. Die Flyschgesteine befinden sich hier 12,5 km südlich des Kalkalpenrandes (müssen aber ursprünglich, wie das in den Fenstern unterlagernde Ultrahelvetikum anzeigt, aus einem erheblich weiter südlich liegenden Raum bezogen werden).

Bau:

Die Flyschzone stellt eine über das Helvetikum und Ultrahelvetikum (Fenster bis südlich Strobl) geschobene und mit ihm nachträglich gemeinsam gefaltete Decke dar; die Innenstruktur zeigt isoklinale Faltung und Schuppung, meist steil südfallend. Die Schuppentektonik ist am Nordrand am deutlichsten zu sehen. Dort besteht die tiefste Schuppe am Stirnrand gegen das Helvetikum meist aus Gault, ihr Neokom ist abgeschert; darüber folgt eine höhere Schuppe mit Schichtfolge von Neokom bis zur Oberkreide (ABERER und BRAUMÜLLER).

Das Alter der Bewegungen ist frühestens oligozän (die Buntmergel in den Fenstern reichen bis ins Eozän). In Bayern ist nach HAGN die Überschiebung des Flysches über das Helvetikum erst nacholigozän, in der savischen Phase erfolgt; auch TOLLMANN denkt an savische Phase.

I/5. Walserbergserie

Gelegentlich der Aufnahmen für die Umgebungskarte der Stadt Salzburg konnte PREY nachweisen, daß die Gesteine beiderseits der Saalach SW Käferheim nicht, wie bisher angenommen, zum Flysch gehören. Es handelt sich am rechten Prallhang um grünlichgraue Sandsteinbänke mit grauen, grüngrauen, schwarzen und im Süden auch ziegelroten Mergelschiefern; nach Ausweis der Mikrofauna sind diese Gesteine ins Alb-Turon zu stellen.

PREY stufte sie als kalkalpines Randcenoman ein; WOLETZ (1967) stellte sie ins Unterostalpin bzw. ins höhere Penninikum; OBERHAUSER (1968) hält sie für höher-penninisch.

Wegen dieser verschiedenen Auffassungen kann die Walserbergserie nur mit Vorbehalt als eigene tektonische Einheit zwischen Flysch und Kalkalpen eingefügt werden.

I/6. Nördliche Kalkalpen (Oberostalpin)

TRIAS

Faziesgebiete:		Hauptdolomitf.		Dachsteinkalkf.		Hallstätter Fazies	
						Zlambachf.	Salzbergf.
Rhät	Rhät i.e.S.	Oberrhät. Riffkalk	Kössener Sch.	Dachsteinkalk z. T. lagunär, z. T. Riffkalk Dachsteindol.		Zlambachschichten	Zlambachschichten
	Sevat	Plattenkalk Hauptdolomit				Pedata- und Pötschenkalk	
Nor	Alaun						
	Lac						
Karn	Tuval	Opponitzersch.		Karn. Dolomit		Karn.Kalk u. Dolomit	Rote, graue u. helle Hallst. Kalke
	Jul	Lunzer Schichten		Carditasch.		Reingrabener Schichten	
	Cordevol						
Ladin	Langobard	Wettersteinkalk u. Dolomit		Ramsaudolomit, am Dachstein Wettersteinkalk		Mitteltrias-dolomit u. Reiflinger K.	Hallst. Dolomit
	Fassan						
	Illyr	Reifl. Kalk					Schreyeralmk.
Anis	Pelson	Steinalmk.	Gutensteiner K. u. Dol. Reichenh. Schichten	Steinalmk.	Gutensteiner K. u. D. Reichenh. Sch., Rauhw.	Gutensteiner Kalk u. Dol.	Steinalmk. Gutenst. K.
	Hydasp					Gutensteiner Basisschichten	Reichenh. Schichten
Skyth	Campil	Werfener Schf. u. Haselgeb.		Im W Bunt-sand-stein	Werfener Schiefer u. Haselgeb.	Werfener Schf. u. Haselgeb.	Werfener Schiefer u. Haselgeb.
	Seis						
Oberperm		Haselgebirge		Verru-cano	Haselgeb.	Haselgeb.	Haselgebirge

An den nördlichen Kalkalpen nehmen abgesehen vom jungpaläozoischen Sockel (der im Rahmen der Grauwackenzone behandelt werden soll) Gesteine des gesamten Mesozoikums und in geringem Maße des Tertiärs teil. Dominierend sind die Gesteine der Trias, die infolge ständiger Absenkungstendenz während ihrer Ablagerung z. T. große Mächtigkeit erlangten, obwohl es sich zumeist um Seichtwasserablagerungen handelt. In der Trias der Salzburger Kalkalpen sind drei Faziesgebiete zu unterscheiden: die Hauptdolomitfazies in den Kalkvoralpen, die Dachsteinkalkfazies in den Kalkhochalpen und die Hallstätter Fazies, die eine Beckenfazies darstellt, aber im Vergleich mit den beiden anderen Faziesgebieten bedeutend geringere Mächtigkeit aufweist. Sie zerfällt wieder in zwei, nicht scharf unterschiedene Faziesbereiche, die Zlambachfazies mit stärkerem Anteil an Graukalken und Mergeln und die über den wichtigeren Salinaren entwickelte Salzbergfazies mit den typischen bunten Hallstätter Kalken. Eine vermittelnde Stellung nimmt das Werfener Schuppenland ein, in dem vor allem Werfener Schiefer- und Anisgesteine gehäuft auftreten, deren Obertrias aber immerhin im Blühnbachtal ebenfalls durch Hallstätter Kalk vertreten wird (HÄUSLER 1981).

Die Basis bildet, wenn wir vom permoskythischen Verrucano und Buntsandstein im SW absehen, das großenteils permische, aber auch ins Skyth hineinreichende Haselgebirge (graue, schwarze, grüne Tone und Mergel mit Gips, Anhydrit und Steinsalz, besonders im Bereich der Salzbergfazies – Salz im Dürrnberg, Gips in Grubach und bei Abtenau – angereichert). Die Bildung des Haselgebirges erfolgte in seichten Lagunen, in denen es zur Entstehung von Evaporiten kommen konnte. Das Skyth wird im westlichen Teil des Südrandes durch den aus dem Perm herauf- reichenden terrestrischen Buntsandstein und darüber dolomitische Schiefer (DIMOU-LAS 1979), sonst durch die Werfener Schiefer vertreten, rote und violettrote, gelegent-lich auch grüne, glimmerreiche Tonschiefer und Quarzite. In den hangenden Lagen tre-ten dünnplattige meist graue Kalke, Sandsteine und Mergel auf. Die Bildung der Werfe-ner Schiefer erfolgte im marinen Flachseebereich.

Das Anis setzt bei Saalfelden mit einer zellig-löchrigen, gelb- bis braungrauen Rauhwacke ein, sonst mit den grauen, brecciösen, kalkigen und dolomitischen Reichenhaller Schichten. Hauptvertreter des Anis sind die schwarzen, bituminösen Gutensteiner Kalke und Dolomite; dazu kommen der helle Steinalmkalk, bei Saalfel-den darüber fossilreiche schwarze Schichten und roter Knollenkalk und im Illyr Teile des hornsteinführenden knolligen Reiflinger Kalkes sowie in der Salzbergfazies der rote Schreyeralm-(bzw. bei Dürrnberg Lercheneck-)kalk. Gegenüber dem Skyth hat sich das Meer im Anis etwas vertieft, mit Ausnahme der roten Kalke in der Salzbergfazies handelt es sich aber immer noch um Seichtwasserablagerungen.

In das Ladin gehören die höheren Anteile des Reiflinger Kalkes und der weiße, z. T. geschichtete, z. T. massige Wettersteinkalk und -dolomit sowie der diesem ent-sprechende weiße bis hellgraue, brecciöse Ramsaudolomit. Der geschichtete Wetter-steinkalk ist eine Lagunenbildung, der massige die dazugehörige Riffbildung, die in Nordtirol und Bayern (bis zum Staufen) die Abgrenzung gegen die in einem Becken sedimentierten Partnachmergel darstellt (in Salzburg fehlen letztere).

In der karnischen Stufe kam es zu einer Meeresregression, die sich besonders in den Lunzer Schichten geltend machte. Es sind schwarze Mergelschiefer, darüber dünnplattige Quarzsandsteine, Oolithkalke, gelbe Rauhwacken. Sie werden überlagert von den dunkelgrauen, plattigen bis dünnbankigen Opponitzer Kalken. Als Cardita-schichten werden geringmächtige Sandsteine und gelbe Oolithkalke der Dachsteinkalk-fazies bezeichnet, über denen karnischer Dolomit folgt. Die schwarzen dünnplattigen Reingrabener Schiefer führen Halobien. Nur im Bereich der Salzbergfazies ging die – örtlich auch im Ladin feststellbare – Beckenentwicklung weiter und weist ammoniten-reiche Buntkalke auf.

Im Nor entstand im Nordabschnitt der mächtige, z. T. gebankte, z. T. schich-tungslose, bräunlichgraue Hauptdolomit, überlagert von grauem Plattenkalk, der manchmal an Dachsteinkalk erinnert. Südlich anschließend wurde über Dachstein-dolomit der sehr mächtige dickbankige Dachsteinkalk abgelagert, der nach Süden in massigen Riffkalk (Korallenkalk) übergeht. Im Bereich der Zlambachfazies entstand der graue, hornsteinführende Pötschenkalk und der dunkle Pedatakalk mit Halo-rella pedata, im Bereich der Salzbergfazies der norische Hallstätter Kalk mit Monotis salinaria. Der Hauptdolomit und der gebankte Dachsteinkalk, der eine reiche Fauna mit den besonders charakteristischen Megalodonten aufweist, sind Lagunenbildungen, die trotz ihrer gewaltigen Mächtigkeit im Seichtwasserbereich,

z. T. im Niveau der Gezeitenschwankungen abgelagert wurden. Der gebankte Dachsteinkalk entstand an der Rückseite der Dachsteinriffkalke, die z. B. im Südteil des Göllmassivs, besondes aber am Südrand der Kalkhochalpen (Hochkönig, südliches Hagen- und Tennengebirge, Gosaukamm) anzutreffen sind und dort auch morphologisch durch die Neigung zur Zackenbildung (Mandlwände, Fieberhörner, Gosaukamm, Bischofsmütze) auffallen. Riffschuttbildungen der Vorriff-Fazies leiten über zur Hallstätter Beckenfazies.

Im R h ä t – das von paläontologischer Seite als eigene Stufe bezweifelt wird – entstanden im Bereich der Hauptdolomitfazies die Kössener Schichten (dünnplattige Mergel und Kalke mit Lumachellen aus Muscheln und Brachiopoden und eingeschalteten Korallenriffen). Es handelt sich um eine Beckenbildung. Im Oberrhät bildeten sich größere Riffkörper. Im Bereich der Dachsteinkalkfazies ging die Sedimentierung des Dachsteinkalkes weiter, doch zeigen gelegentliche Einschaltungen von Mergeln und dunklen Kalken (Starhemberger Schichten) eine Annäherung an die Kössener Fazies. Im Hallstätter Bereich reichen Pötschen/Pedatakalke bzw. Hallstätter Kalke bis in das Sevat. Darüber folgen die als Seichtwasserbildung aufzufassenden Zlambachschichten, graue Fleckenmergel mit Korallen und Ammoniten, die auch auf die Salzbergfazies übergreifen.

JURA

Malm	Tithon	Plassenkalk	Oberalmer Kalk		
	Kimmeridge		Tauglbodenschichten		
	Oxford	Radiolarit	Teil d. Strubbergschichten		
Dogger		Roter Cephalopodenkalk		Strubbergschichten	
Lias	Toarcien	Roter	Rote Mergel	Lias-flecken-mergel	
	Pliensbachien	Adneter			
	Sinémurien	Knollenkalk	Hornstein-knollenkalk		Hierlatz-kalk
	Hettangien	Enzesfelder K.		Spongienk.	

Die Juragesteine sind vor allem in der Unkener Mulde, in der Umgebung des Dürrnberges, in der Osterhorn- und Schafberggruppe zu finden. Im Jura kam es im Zusammenhang mit dem Aufreissen des südpenninischen Ozeans auch im weit südlich davon gelegenen Kontinentalbereich des Oberostalpins zu starker tektonischer Unruhe, die zur Bildung von Schwellen und Becken führte und eine starke Fazies differenzierung sowie submarine Trübeströme und Gleitungen von Olisthostromen zur Folge hatte.

Wegen ihrer Verarbeitungsmöglichkeit als „Marmor" sehr bekannte L i a s g e steine sind die roten ammonitenreichen Adneter Knollenkalke. Sie sind durch Mangelsedimentation entstanden, wobei Subsolution (untermeerische Lösung) mitspielte; die Knollen werden auf gravitative Gleitung während der Diagenese (Verfestigung) zurückgeführt. Die hellgrauen Hornsteinknollenkalke, die Spongienkalke, die Fleckenmergel und die roten Oberliasmergel (unter denen häufig eine Knollenbreccie ansteht) sind Beckenbildungen. Für die Hierlatzkalke (rote Crinoiden- und Brachiopodenkalke), die häufig in Spalten der Triaskalke in den Kalkhochalpen abgelagert wurden, wurde früher Absatz auf gehobenen, trockengefallenen und verkarsteten Triaskalkplattformen angenommen; JURGAN vertrat aber die Meinung, daß es an der Wende Trias/Jura zu keiner Hebung, sondern eher zu einer Absenkung der bisher seichten Plattformen mit Schichtzerreissungen unter dem Meeresspiegel gekommen sei.

Im D o g g e r entsprechen die Entstehungsbedingungen des im Salzkammergut vorkommenden roten Cephalopodenkalkes etwa denen des Adneter Kalkes: Die Strubbergschichten (dunkle manganführende Mergel am Nordfuß des Tennengebirges) sind eine Beckenbildung. Der Dogger ist im Lande Salzburg nur wenig vertreten.

Die vor allem im O x f o r d verbreiteten R a d i o l a r i t e (dunkelgrüne und rote dünnplattige Kieselkalke und Hornsteine) sind eine Bildung tieferer Meeresteile, die nach DIERSCHE (1980), eine W-E-verlaufende Rinne im Tirolikum (s. u.) einnahmen. Die Strubbergschichten, die nach HÄUSLER noch in den Malm reichen, weisen in den höheren Partien Breccien mit Hallstätter Komponenten auf. Die T a u g l b o d e n s c h i c h t e n sind Beckenbildungen mit Turbiditen und Breccien; in sie sind noch Radiolaritlagen eingeschaltet. Mit einem Basiskonglomerat (Göll-Nordfuß, Osterhorngruppe) setzen die O b e r a l m e r S c h i c h t e n ein, hornsteinführende dünnplattige graue Aptychenkalke mit Einlagerungen von Barmsteinkalkbänken, vereinzelt auch noch Radiolarit (Mühlstein) und Olisthostromen. Sie haben in der südlichen Osterhorngruppe und in der Umgebung des Dürrnberges weite Verbreitung. Auch sie sind ein Beckensediment, die Barmsteinkalkbänke sind eingelagerte Turbidite. Im Gegensatz dazu ist der P l a s s e n k a l k ein riffnahes Seichtwassersediment.

Im gesamten Jura sind die Spuren der submarinen gravitativen Gleitvorgänge zu erkennen. So stellten BERNOULLI und JENKYNS 1970 im Lias der Glasenbachklamm Olisthostrome (Hettangien-Gleitpaket innerhalb von Hornsteinknollenkalken des Sinémurien, rote Knollenbreccie im Oberlias) und Turbidite fest; ähnlich verhält es sich im Lias der Unkener Mulde und der Osterhorngruppe. Im Radiolaritniveau konnte PLÖCHINGER (1973) an der Westseite des Zwölferhornes ein aus Lias-Dogger-Gesteinen zusammengesetztes Olisthostrom beschreiben. In die Tauglbodenschichten ist von einer im S gelegenen Schwelle Feinmaterial in Form von Trübeströmen und grobes Material mit bis zu 15 m langen Schollen transportiert worden, wobei es zur Bildung von walzenförmigen Gleitmassen kam; die Komponenten sind rhätisch und jurassisch (M. u. W. SCHLAGER 1969, 1973). Ebenso stecken in den hangenden Strubbergschichten Olisthostrome unter Beteiligung von Hallstätter Kalkkomponenten (HÖCK und SCHLAGER 1964), wobei die Schüttungsrichtung allerdings nicht eindeutig feststeht. Das Basalkonglomerat der Oberalmer Schichten enthält am Nordfuß des Göll z. T. auch Hallstätter Material (KÜHNEL 1929). Großes Ausmaß nahmen die intramalmischen Gleitungen im Gebiet von Gartenau, des Dürrnberges und der Lammermasse an, worüber PLÖCHINGER 1974, 1976 und 1979 berichtete (vergl. auch HÄUSLER 1981 und TOLLMANN 1981). Da sie für die Tektonik im Hallstätter Faziesbereich entscheidende Bedeutung haben, sollen sie bei der Besprechung des Gebirgsbaues erörtert werden.

KREIDE

		Becken von Gosau	Umgebung von Salzburg (ähnlich Wolfgangseebecken)
Senon	Maastricht	Liegendanteil der Zwieselalmschichten	Nierentaler Mergel
		Nierentaler Mergel	
	Campan	Ressenschichten Konglomerat Mergel	Graue Inoceramenmergel, Rudistenriffe, Untersberger Marmor
	Santon	Mergel, Rudistenriffe	
	Coniac	Oberconiacriff Mergel Basalkonglomerat	Glanegger Mergel
			Glanegger Mergelkalk Basalkonglomerat
Turon		Schichtlücke (vorgosauische Gebirgsbildung)	
Cenoman		Mergel am Nordrand; Schürfling eines Konglomerates des Randcenomans im Fenster von St. Gilgen	
Alb		Mergel am Nordrand	
Apt		Mergel am Nordrand; Grabenwaldschichten	
Neokom	Barrême	Roßfeldschichten	
	Hauterive		
	Valendis	Schrambachschichten	
	Berrias		

Im N e o k o m schließen sich die Schrambachschichten (liegend Aptychenkalke, hangend dünnplattige bis schiefrige Mergel und Mergelkalke) ohne scharfe Grenze an die Oberalmer Kalke an. Die Roßfeldschichten (Mergel, Mergelkalke, dunkle braun verwitternde Sandsteine und Kieselkalke) entstanden nach FAUPL und TOLLMANN 1979 in einer Tiefseerinne, in der es wieder zu Eingleitungen kam, worauf Turbidite, Gleitfalten und in den hangenden Partien Olisthostrome mit Komponenten aus Dachsteinkalk, Hallstätter Kalk und etwas Kristallin hinweisen.

Knapp über diesen Olisthostromen mit Hallstätter Komponenten liegen die Hallstätter Schollen des Roßfeldes und der Ahornbüchse als Großolistholithe. Die Grabenwaldschichten östlich der Salzach sind turbiditische Sandsteine und Sandmergel. Sie sind im A p t gebildet worden, aus dem sonst nur spärliche, ins A l b reichende Mergel am Nordrand im Salzkammergut bekannt wurden. Dort finden sich auch C e n o m a n mergel; einen Schürfling des Randcenomans, ein Konglomerat mit Quarzporphyr, Granit, Gneis, Diabas beschrieb PLÖCHINGER 1973 im Fenster von St. Gilgen. Das T u r o n ist im Salzburger Bereich nicht vertreten, was als Ausdruck der vorgosauischen Deckenbewegungen gilt. Die im unteren S e n o n einsetzende Gosaukreide ist abgesehen von der in Oberösterreich gelegenen, aber auf Salzburger Gebiet herüberreichenden Serie des Beckens von Gosau vor allem im Umkreis der Stadt Salzburg und im Becken des Wolfgangsees vorhanden. Das Basalkonglomerat, das am Gaisberg etwa 400 m Mächtigkeit erreicht, hat dort Komponenten (meist aus dem Jura) bis zu Blockgröße, was auf Wildbachschüttung hinweist; Einschaltungen von Sandsteinen und Mergeln mit Pflanzen, Kohle, Süßwasserschnecken lassen auf terrestrische bis litorale Entstehungsbedingungen schließen. Das Bindemittel des Konglomerats ist häufig rot, sonst grau. Über dem Konglomerat folgen marine Sedimente, zunächst im Salzburger Becken der dem Unterconiac angehörige, ammonitenführende Glanegger Mergelkalk und die weit verbreiteten, dem Coniac-Santon zuzurechnenden Glanegger Mergel (meist grau, aber auch gelb und rötlich) mit eingelagerten Sandsteinen und Kalken, z. T. (im Becken von Gosau) Rudistenriffkalken. Am mittleren Teil des Untersbergnordhanges setzt die Transgression erst mit dem wohl in das Santon zu stellenden Untersbergmarmor, einer Breccie mit Komponenten vor allem des dort anstehenden Plassenkalkes, ein, über dem graue Inoceramenmergel (Santon-Campan?) folgen. Der im Campan von WOLETZ 1963 festgestellte Umschwung der Schwermineralspektren (Granatvormacht anstelle der früheren Lieferung u. a. von Chromspinell aus dem südpenninischen Bereich) deutet eine wichtige Zäsur an, die mit intragosauischen Bewegungen infolge Subduktion des Südpennins zusammenhängen dürfte. Darauf deuten auch die in den Ressenschichten des Beckens von Gosau (Breccien, Quarzsandsteine) eingelagerten Breccien sowie Konglomerate in ihrem Liegenden hin. Ab dem Obercampan, besonders im Maastricht und örtlich bis in das schon zum Paleozän gestellte Dan erfolgte der Absatz der meist ziegelroten Nierentaler Schichten (benannt nach dem Tälchen am Westfuß des Untersberges), die die größte senone Meeresverbreitung und -vertiefung belegen. Die im Becken von Gosau folgenden Zwieselalmschichten (Konglomerate mit Exotika wie Grauwacken, Phyllit, Quarz), die bis in das Paleozän hinaufreichen, weisen wieder auf eine Regression hin.

Damit ist die Grenze zum Tertiär überschritten. Es ist in unserem Gebiet im wesentlichen nur in den Untersbergvorhügeln gegeben, wo es sich ohne wesentliche Diskordanz an die hier ja schon ins Paleozän reichenden Nierentaler Mergel anschließt. Das höhere Paleozän ist mit grauen Mergeln vertreten, das Untereozän mit wechsellagernden Mergeln, Breccien und Sandsteinen, das Mittel- und Obereozän mit wechsellagernden Mergeln und Sandsteinen.

Schließlich sind aus dem Tertiär noch die auf den Plateaus der Kalkhochalpen befindlichen Augensteinschotter (Kristallin, Werfener Schiefer) zu erwähnen, die aus einer Zeit stammen, in der die Kalkalpen noch kaum gehoben waren und die Flüsse aus den Zentralalpen sie noch in süd-nördlicher Richtung queren konnten. Sie werden in das Oberoligozän und Untermiozän gestellt.

Bau:

Vom Randcenoman der bajuvarischen Stirn fand PLÖCHINGER am Mozartweg bei St. Gilgen einen an der Basis der kalkalpinen Überschiebung zurückgebliebenen Schürfling des groben Konglomerates mit Quarzporphyr-, Diabas-, Quarz-, Quarzit- und Kalkkomponenten.

Am Nordrand hochbajuvarische Decke, am Fuß des Kapuzinerberges und des Nocksteinzuges nur in lamellenförmigen Schuppen sichtbar, etwas breiter unter dem Schober, Fortsetzung bei Kreuzstein am Nordfuß des Schafberges; diese Decke wurde im Oligozän über den Flysch geschoben und selbst von der tirolischen Decke überschoben[1].

[1] In der Salzburger Ebene wurde der Überschiebungsrand Tirolikum über Bajuvarikum in einer Tiefbohrung nahe dem Kugelhof angetroffen (PREY).

Die tirolische Decke reicht von ihrem steilen Stirnrand Kapuzinerberg-–Nocksteinzug–Schober–Schafberg bis zum Südrand der Kalkhochalpen und bildet eine gewaltige Großmulde, auf der die juvavischen Decken aufruhen. Der Nordrand zeigt im östlichen Abschnitt (vom Gebiet des Fuschlsees an) treppenförmiges Vorspringen an Blattverschiebungen, jeweils mit vorgeschobenem Ostflügel. Die Schafberggruppe weist Faltenbau auf, die Falten sind z. T. nach N umgelegt. Diese Gruppe wird durch ein Bündel von NW-SE-streichenden Störungen, durch die auch die Täler des Wolfgang- und Fuschlsees primär bedingt sind, von der Osterhorngruppe getrennt. PLÖCHINGER zieht neuerdings die dem Tal des Wolfgangsees folgende Hauptstörung zum Westfuß des Schober, wo sie in eine Blattverschiebung übergeht.

Längs dieser NW-streichenden Wolfgangseestörung wurde das Tirolikum der Osterhorngruppe gegen NE auf das Tirolikum der Schafberggruppe geschoben; dabei kam es zur Aufschuppung der tektonischen Unterlage des Tirolikums, die in zwei Fenstern, dem kleineren bei St. Gilgen und dem größeren im Raum Zinkenbach – SW Strobl – südlich des Sparber („Fenster von Strobl"), zutagetritt. In diesen Fenstern trifft man von oben nach unten auf Bajuvarikum (das vorhin erwähnte Cenomankonglomerat am Rande des St. Gilgener Fensters), Flysch (Neokom bis tieferes Senon; die höheren Anteile fehlen wegen tektonischer Reduzierung) und Klippenserie mit Buntmergelhülle (Tithon bis Eozän, zum Ultrahelvetikum zu stellen). Die Flyschvorkommen reichen im Strobler Fenster bis 12,5 km südlich des Kalkalpenrandes; bedenkt man aber, daß der Flysch hier seinerseits Ultrahelvetikum überschoben hat, so erkennt man, daß das Gesamtausmaß der Überschiebung sehr viel beträchtlicher gewesen sein muß. Nach Ausweis der bis ins Mitteleozän reichenden Buntmergel müssen die Bewegungen nach dem Mitteleozän erfolgt sein.

Im Jura der Osterhorngruppe, ebenso in dem von Glasenbach und westlich Unken, fand VORTISCH Anomalien, die heute auf Gleittektonik zurückgeführt werden (s. o.). In dem von M. SCHLAGER untersuchten Tauglbodengebiet kam es zu subaquatischen Rutschungen, ausgelöst durch Abgleiten von der südlich anschließenden, aufgewölbten Barre des rhätischen Riffkalkes. Mit der Aufwölbung dieser Barre zur Zeit der jung-kimmerischen Orogenese bringt PLÖCHINGER nordgerichtete Überschiebungen am Südrand der Osterhorngruppe in Zusammenhang.

Bruchtektonik ist besonders ausgeprägt am Südrand der Osterhorngruppe (großes W–E-streichendes Störungssystem als Staffelbruch), ferner im Gebiet von Adnet und St. Kolomann, wo SCHLAGER ein ganzes Mosaik von Bruchschollen feststellen konnte. Bei Elsbethen überschneiden sich Bruch- und Faltenstrukturen. Die Gaisberggruppe ist gegen das Salzburger Becken hin abgewölbt, der Gaisberg selbst knaufartig herausgehoben, die Gersbergmulde an einem Bruch abgesenkt.

Westlich Hallein bildet das Neokom die hochgelegene Roßfeldmulde, Malm und Neokom das Tirolikum bis St. Leonhard.

Der in den Kalkhochalpen gelegene Anteil der tirolischen Decke (Tennengebirge, Göll) fällt nach N gegen die juvavische Lammermasse bzw. gegen die Oberjura-Neokommulde Weitenau–Roßfeld ein, ebenso der Loferer Steinberg in der Richtung gegen die Unkener Mulde. Auch in den Kalkhochalpen ist starke Bruchtektonik zu erkennen.

Zu den Hallstätter Zonen gehören Deckschollen im Saalachbereich (Hochkranz, Gerhardstein, Rauhenberg, Lerchkogel, Gföllhörndl, Dietrichshorn, kleine

Schollen bei Unken; nach HÄUSLER und BERG 1980 bestehen hier teilweise Zusammenhänge der Hallstätter Schollen mit der Reiteralmdecke); ferner die große Deckenscholle des Dürrnberger Salzberges samt dem Rappoltstein, Deckschollen am Guetratsberg, auf dem Roßfeld und die der Ahornbüchse; östlich der Salzach die gipsführende Deckscholle von Grubach, der Rabenstein bei Golling und seine östliche Fortsetzung (nördlich der hinteren Kellau), die Vorhügel des Tennengebirges südlich der unteren Lammer, die beiden Strubberge, der Untergrund des Beckens von Abtenau, ferner Efetleck (?), Sulzenkopf, Pailwand, Schober, Scholle des Gwechenberges, Schollen im Strobler Weißbachtal, Buchbergriedel, Zwieselalm (in diesem Bereich aber stratigraphische Verbindung mit dem Riffkalk des Gosaukammes); der Rettenstein (samt dem Gipfelaufbau, der aus Plassenkalk besteht); Vorkommen im Blühnbachtal.

Die Hallstätter Zone, die einst MOJSISOVICS als Bildungen in Kanälen innerhalb der Plattformen mit Dachsteinkalkentwicklung aufgefaßt hatte, wurde dann als fernüberschobene Decke gedeutet, wobei ein Gegensatz zwischen KOBER, der sie zwischen Tirolikum und Hochjuvavikum (einschließlich Dachsteindecke) einwurzelte, und SPENGLER, der sie aus dem Raum südlich der gesamten Kalkhochalpen mit Dachsteinkalkentwicklung bezog, bestand. Ein weiterer Gegensatz entstand hinsichtlich der Frage, ob es sich um Teile einer einzigen oder um zwei Teildecken handle, wobei die tiefere Teildecke Zlambachfazies, die höhere Salzbergfazies aufwiese. Seit ZANKL in der Torrener Joch-Zone die Übergänge aus dem Riff des südlichen Göllmassivs in eine Hallstätter Beckenentwicklung (1967, 1969) und SCHÖLLNBERGER eine Verzahnung des Dachsteinriffkalkes des südlichen Toten Gebirges mit Zlambachschichten des Grundlseegebietes nachgewiesen hatte (1971, 1973), bahnte sich eine – von TRAUTH 1937 vorgeahnte – Rückkehr zur Kanaltheorie in der Form an, daß ein relativ autochtoner Streifen mit überwiegender Zlambachfazies sich aus dem Salzkammergut über das Lammergebiet bis in die Torrener Joch-Zone erstreckte (der schon immer vermutete Zusammenhang zwischen Lammermasse und Torrener Joch-Zone wurde kürzlich durch Bohrungen zur Erschließung von Trinkwasserhoffnungsgebieten im Lammertal und im Bluntautal, über die BRANDECKER und MAURIN 1982 berichten, bestätigt, da im Untergrund der jungen Aufschüttungen sowohl im Lammertal zwischen Oberscheffau und dem Talausgang, als auch am Ausgang des Bluntautales Haselgebirge und Werfener Schiefer festgestellt wurden). Für den Großteil der Lammermasse postulierten vor allem TOLLMANN und ihm folgend HÄUSLER, aber auch MOSTLER und ROSSNER (1977) Parautochthonie in dem Sinne, daß ein Streifen leicht verformbarer Gesteine zwischen den Backen des Tennengebirgs-Dachsteinkalkes und der Triasgesteine der südlichen Osterhorngruppe eingeklemmt und nach beiden Seiten herausgequetscht worden wäre; Übergänge zwischen dem Mitteltriasdolomit des zur Lammermasse gehörigen Zuges des Hinteren Strubberges und dem gleichen Dolomit des zum Tirolikum gerechneten Gollinger Schwarzenberges an dessen Ostseite spielten dabei eine entscheidende Rolle. Für die Gesteine der Salzbergfazies wurde nach wie vor Fernverfrachtung aus einem südlichen Bereich angenommen, den TOLLMANN und LEIN jetzt wie einst SPENGLER und im Gegensatz zu KOBER südlich des gesamten Plattformbereiches mit Dachsteinkalk annehmen. LEIN kam sogar zur Vorstellung von drei Kanälen, wobei zwischen dem nördlichen Streifen mit Zlambachfazies und dem südlichsten Kanal mit Salzbergfazies noch ein Mittelkanal eingeschoben wird, dem das Werfener Schuppenland angehören soll; TOLLMANN schloß sich dieser Vorstellung an.

Eine scharfe fazielle Trennung zwischen den Kanälen läßt sich allerdings nicht durchführen, da im Raume Goisern – Aussee zuerst von U. PISTOTNIK (1974) und neuerdings von MANDL (1982) eine tektonisch nicht trennbare Verbindung beider Fazies nachgewiesen wurde; TOLLMANN (1981) bezieht diesen Mischbereich aus dem Südkanal, der also nicht ausschließlich Salzbergfazies enthalten hätte. Auch die Dürrnbergscholle weist neben Salzbergfazies Anklänge an die Zlambachfazies (Halobienschiefer, Zlambachschichten) auf.

Was aber die Art und den Zeitpunkt der Verfrachtung der Hallstätter Bereiche mit überwiegender Salzbergfazies betrifft, konnte PLÖCHINGER entscheidende Hinweise zunächst im Gebiet des Zementbergbaues Gartenau, dann um Dürrnberg und später auch im Raum östlich Golling beibringen. In einer Arbeit über das Haselgebirge des Gartenauer Tagbaues (1974) konnte er nachweisen, daß dieses im Kern einer aus Oberalmer Kalken bestehenden Antiklinale steckt; eine hier niedergebrachte Bohrung erwies, daß auch im Liegenden des Haselgebirges Oberalmer Schichten anstehen (PLÖCHINGER 1977). Das Haselgebirge, das hier als Schlammstrombreccie und Turbidit auftritt, ist also während des Malm gravitativ eingeglitten. Die Ausdehnung der Untersuchungen Plöchingers auf den Raum des Dürrnberger „Tiefjuvavikums" (1976) zeigte, daß auch das gesamte Salinar von Hallein – Berchtesgaden samt den Hallstätter Kalken, dessen Unterlagerung durch Oberalmer Schichten schon früher durch Bohrung und kleine Fenster bekannt wurden, randlich auch von Oberalmer Schichten überlagert wird, also ebenfalls intramalmisch eingeglitten ist. Der Zug des Zinken oberhalb Dürrnberg, der früher als Antiklinale zwischen Roßfeld- und Dürrnbergmulde gedeutet worden war, erwies sich als aufrechte Schichtfolge über dem Dürrnberger Salinar; auch an zwei anderen Stellen konnten analoge Verhältnisse nachgewiesen werden. Schließlich zeigt PLÖCHINGER (1979) auch im Raum östlich Golling das Vorhandensein intramalmisch eingeglittener Hallstätter Schollen. TOLLMANN schloß sich diesen Vorstellungen an und bezeichnete 1981/82 die oberjurassische Gleittektonik als Hauptformungsprozeß der Hallstätter Region, wobei er ebenso wie Plöchinger die erwähnten Vorkommen aus dem Süden von einem hochgetriebenen Salinar aus gravitativ fernverfrachtet sein läßt.

Differenzen bestehen zwischen PLÖCHINGER (1979) und HÄUSLER (1979, 1981) bezüglich der Schollen des Mehlsteins sowie beim Haarecker nördlich Unterscheffau: Plöchinger hält auch diese hauptsächlich aus Pötschenkalk bestehenden Schollen für ferntransportierte Deckschollen, während Häusler beim Mehlstein eine normale Folge karnischer Kalke und norischer Pötschen-Pedata-Schichten über dem tirolischen Wettersteindolomit des Haarberges annimmt und auch die Schollen beim Haarecker trotz Haselgebirgsunterlage – die er als in Spalten des Dolomits aufgedrungen annimmt – ähnlich auffaßt. Dagegen definiert HÄUSLER die Lammereck-Scholle am Tennengebirgs-Nordrand als intramalmische Gleitscholle und trennt eine Scholle mit norischem Hallstätter Kalk im Bereich des Vorderen Strubberges tektonisch von der übrigen Lammermasse ab. Weiter östlich betrachtet TOLLMANN die von HAMILTON aufgenommene Pailwand als Gleitscholle, ebenso die Schönau-Schollen nordwestlich der Zwieselalm.

Die Gleittektonik von Hallstätter Schollen setzte sich im Neokom fort. Davon zeugen westlich der Salzach die Dolomitscholle des Roßfeldes, die Scholle der Ahornbüchse und das beim Obersalzberg gelegene Klingereck, östlich der Salzach die Gipsscholle von Grubach. Auch die Schollen im Saalachgebiet dürften wenigstens teilweise im Neokom eingeglitten sein.

Die R e i t e r a l m - oder h o c h j u v a v i s c h e D e c k e baut die (nur teilweise im Lande Salzburg gelegene) Plateauberggruppe Reiteralm – Lattengebirge – Untersberg auf. Wegen der durchaus geschlossenen oberkretazisch-eozänen Auflagerung, die den Nordfuß des Untersberges verklebt (am besten sichtbar im Profil des Eitelgrabens, aber auch aus den Aufschlüssen bei Fürstenbrunn mit Sicherheit zu erkennen), muß diese Decke vorgosauisch eingeschoben worden sein; doch kam es nach Ausweis der Lagerungsverhältnisse bei Lofer zu tertiären Nachbewegungen. Die Herkunft der Reiteralmdecke (auch Berchtesgadener Schubmasse genannt) wird seit HAHN aus faziellen Gründen südlich der tirolischen Decke gedacht; darauf weisen auch Deckschollen im bayrischen Anteil des Steinernen Meeres sowie eine von HEISSEL entdeckte Scholle an der Riedelwand im Ostteil des Hochkönigstockes. LEIN und TOLLMANN beziehen sie aus dem Raum zwischen Hallstätter Mittel- und Südkanal. Die von PIA vorgenommene Zuweisung des Gollinger Schwarzenberges zur hochjuvavischen Decke ist hinfällig, da seine Beweise für eine tektonische Auflagerung dieses Berges auf Tiefjuvavikum durch CORNELIUS und PLÖCHINGER widerlegt wurden. Er ist wohl eine gehobene Scholle des tirolischen Untergrundes – die Verhältnisse an seinem Nordfuß lassen sich am leichtesten als Staffelbruch zur Weitenauer Neokommulde im Gegenflügel zum Staffelbruch am Südrand der Osterhorngruppe deuten, sein Riffkalk gleicht dem des Finsterstubenwaldes östlich der Neokommulde der Weitenau. Der Nordfuß des Gollinger Schwarzenberges zeigt große Ähnlichkeit mit dem des Hohen Göll, wo die tirolische Zugehörigkeit durch die Transgression des Oberjura mit Basalkonglomeraten (KÜHNEL) bewiesen ist; auch die Verhältnisse an der Westseite des Göllmassivs sprechen durchaus für seine Einbindung in das Tirolikum.

Die D a c h s t e i n m a s s e , zu der außer dem Dachstein auch die Gamsfeldgruppe gehört, ist an ihrer Stirn am Rettenkogel wahrscheinlich auf Hallstätter „Decke" aufgeschoben, was eine gewisse Parallelisierung mit der hochjuvavischen Decke ermöglicht; auch hier erfolgte die Bewegung wahrscheinlich vorgosauisch, auch hier kam es aber zu tertiären Nachbewegungen, die beide Decken, Hallstätter- und Dachsteindecke, gemeinsam nach N verfrachteten (SPENGLER).

Die Dachsteinmasse wird von TOLLMANN und LEIN als Decke aufgefaßt, die aus dem Bereich zwischen Mittelkanal und Südkanal der Hallstätter Region stamme.

Das W e r f e n e r S c h u p p e n l a n d ist als breite Zone östlich des Hochkönigs und südlich von Hagengebirge – Tennengebirge – Dachstein entwickelt: nach Westen zu, also südlich des Hochkönigs, setzt es sich als schmaler Streifen fort, dort deutlich mit der anschließenden Grauwackenzone verschuppt. Das Verhältnis zwischen ihm und dem Südrand der Kalkhochalpen wurde von TRAUTH und SPENGLER im Sinne einer flachen südgerichteten Überschiebung gedeutet, die SPENGLER (ebenso wie die Schuppenbildungen im Werfener Schuppenland) in die laramische Phase verlegte; jedenfalls muß sie nachgosauisch gewesen sein, da in der Steiermark an ihr Gosauschichten eingeklemmt wurden. An einer mehrere Kilometer betragenden Überschiebung muß festgehalten werden und zwar wegen der Diskrepanz zwischen der südwärts vorspringenden, wenig gestörten Masse des Hochkönigs und der (z. B. im Blühnteckzug und im Bereich der Imlbergalm, wo Reingrabener Schiefer 4 – 5mal in tektonischer Wiederholung auftreten) stark verschuppten Werfener Zone, die sich östlich anschließt. Die Bewegungsfläche liegt teilweise an der Basis der Untertrias, so im Hagengebirge, wo unter der Asterbergalm Werfener Schiefer über Anis liegen, aber auch im Tennengebirge, wo bei der Elmaualm Reingrabener Schiefer von Werfener Schiefern des Hochthronsockels überlagert werden. Diese südvergente Überschiebung (oder nach ROSSNER 1972 nordvergente Unterschiebung) war aber nur eine sekundäre Nachbewegung, die lange nach den großen, noch im Süden der Tauern erfolgten tektonischen Vorgängen erfolgte. Dasselbe gilt von den Schuppen des Bereiches. Wie schon erwähnt, wird das Werfener Schuppenland von LEIN und TOLLMANN einem Hallstätter Mittelkanal zugerechnet; die Beziehungen zum Hallstätter Faziesbereich sind zweifellos vorhanden, wie besonders die neuerdings von HÄUSLER 1981 erfolgte Bestätigung des schon lange vermuteten Hallstätter Kalk-Vorkommens im unteren Blühnbachtal bewies. Im östlichen Teil des Werfener Schuppenlandes ist ihm der aus Hallstätter Gesteinen und Plassenkalk aufgebaute Rettenstein aufgeschoben; TOLLMANN bezieht ihn aus dem Südkanal.

Metamorphose der Nördlichen Kalkalpen: durch die zunächst im Permoskyth des Werfener Schuppenlandes und seiner westlichen Fortsetzung einsetzenden Forschungen von SCHRAMM (1974, 1977, 1978, 1980, 1982) gelang es, die frühere Meinung zu widerlegen, daß die Kalkalpen nichtmetamorph seien. Am Kalkalpensüdrand erreicht die Metamorphose im Permoskyth sogar Ausmaße im Übergangsbereich von der Epi- in die Anchizone; sie hat hier auch stratigraphisch höhere Schichten (Reingrabener Schiefer südlich des Hochkönigs) erfaßt. Weiter nördlich reicht eine nach N abklingende anchizonale Metamorphose 20 bis 30 km weiter. Das Alter der Metamorphose ist nach Schramm z. T. frühalpidisch (durch den vorgosauischen Deckenbau bedingt), z. T. jungalpidisch, da nachgosauisch angelegte Strukturen übergreifend. KIRCHNER stellte schwache Metamorphose an basischen Vulkaniten und den ihnen benachbarten Sedimenten des Permoskyth u. a. bei Grubach und Abtenau fest. KRALIK et al. konnten ausklingende epizonale Metamorphose auch in den Karbonatsedimenten der Mitteltrias an der Südseite des Hochkönigs nachweisen, KRALIK 1982 sehr schwache Metamorphose in den obertriadischen Hallstätter Kalken bei Abtenau, BERAN et al. 1981 in den oberjurassischen Strubbergschichten, SCHRAMM und ZEIDLER 1982 anchizonale Metamorphose in mittel- und (abgeschwächt) obertriadischen Gesteinen des Blühnbachtales. Die alpidische Metamorphose überspringt die Grenze Kalkalpen-Grauwackenzone ohne Hiatus (FRASL et al. 1975, BRÜCKL und SCHRAMM 1982).

Die Reihenfolge der Bewegungen in den Kalkalpen ist etwa folgendermaßen zu denken:

An der Wende Trias-Jura kam es zu altkimmerischen Bewegungen, die meist als Hebung, Trockenlegung der Triassedimente und nachfolgende Transgression der Hirlatzkalke gedeutet wurden; JURGAN (1969) bezweifelt dies (s. o.).

Im Lias fanden paradiagenetische Bewegungsvorgänge statt in Form subaquatischer Gleitungen.

Die jungkimmerischen Bewegungen führten zum Aufstieg einer Triasschwelle in der südlichen Osterhorngruppe und zum Abgleiten von dieser in die Tauglbodenschichten hinein (wobei es zu Walzenbildungen, z. T. auch infolge von Trübströmen zur Bildung von Turbiditen kam).

Etwas später erfolgten tektonische Prozesse, die sich in den Basiskonglomeraten der Oberalmer Kalke mit ihren exotischen Geröllen abbilden.

Intramalmisch erfolgte die Eingleitung des Gartenauer Haselgebirges, des Riesen-olisthostroms der Hallstäter Zone am Dürrnberg sowie von Schollen im Lammer- und wohl auch Zwieselalmgebiet, im höheren Neokom die der kleinen Schollen im Roßfeldgebiet sowie die der Schollen im Saalachraum.

Zu den vorgosauischen (turonischen) Bewegungen gehört der Ferntransport der Rei-teralmdecke, wahrscheinlich die Rettenkogelüberschiebung im Salzkammergut, viel-leicht auch die erste Anlage der Überschiebung des Tirolikums über das Bajuvarikum; dazu kommen Faltungen.

Intragosauisch ist – nach den Ergebnissen der Schwermineralforschung (WOLETZ) – die en bloc-Bewegung der gesamten Nördlichen Kalkalpen über das Tauernfenster in Gang gekommen; sie dürfte zu Beginn des Alttertiärs abgeschlossen worden sein. Der Vorschub des Tirolikums über das Bajuvarikum ging weiter, andererseits kam es nach-gosauisch im Südteil der Nördlichen Kalkalpen zu südvergenten Bewegungen (hochal-pine Überschiebung, Schuppen im Werfener Schuppenland, anders ROSSNER, s. o.).

Nach dem Mitteleozän (illyrisch-pyrenäische Phasen) kam es nach Ausweis der Ergebnisse im Strobler Fenster zur Überschiebung der Kalkalpen über Flysch und Hel-vetikum, wobei die Überschiebung des Tirolikums über das Bajuvarikum ihren Abschluß fand; auch die Deckenteilung innerhalb des Bajuvarikums dürfte in diese Zeit fallen (doch ist die tiefbajuvarische Decke im Salzburger Raum infolge des starken Vor-stoßes des Tirolikums nicht zu sehen, auch das Hochbajuvarikum ist auf schmale Strei-fen reduziert).

Im Jungtertiär wurden die alpinotypen Bewegungen durch germanotype Bruch-tektonik abgelöst; außerdem kam es zur epirogenetischen Hebung der Kalkalpen, die für ihre heutige Morphologie entscheidende Bedeutung hat.

I/7. Grauwackenzone (Oberostalpin)

Die Gesteinsserie der Grauwackenzone beginnt mit den vermutlich ordovizischen, sehr mächtigen tieferen W i l d s c h ö n a u e r   S c h i e f e r n , einer monotonen Serie von Schiefern (Phylliten) bis Subgrauwacke. In grobklastischen Lagen an der Basis des Komplexes gibt es Gneiskomponenten, die auf den im Zuge der Tektonik abgescherten kristallinen Untergrund hinweisen. In die tieferen Wildschönauer Schiefer sind Diabase, Spilite und andere basische Magmatite eingeschaltet, die auf submarine Ergüsse zurückgeführt werden (COLLINS et al. 1980). Ein „kaledonisches Ereignis" wird angedeutet durch die Effusion saurer Vulkanite, die eine − allerdings nicht überall im Hangenden der tieferen Wildschönauer Schiefer anzutreffende − P o r p h y r o i d p l a t t e bilden. Ihre Entstehung fällt in das obere Ordoviz.

Eine tiefsilurische Transgression führte lokal zur Ablagerung von Konglomeraten und Sandsteinen (heute Quarziten). Die starre Porphyroidplatte wurde durch Bruchtektonik zerlegt, es entstanden Becken und Schwellen, was eine Faziesdifferenzierung im Silur zur Folge hatte (die Aufklärung dieser Vorgänge gelang vor allem MOSTLER). In den Becken wurden die höheren Wildschönauer Schiefer bzw. im Raum östlich der Zeller Furche die D i e n t n e r   S c h i e f e r (schwarze Tonschiefer, Kieselschiefer, Lydite) mit Graptolithen des mittleren Silur sedimentiert, auf den Schwellen wenigsten im Tiroler Bereich Karbonate. In Salzburg schalten sich in die höheren Dientner Schiefer Orthocerenkalke ein.

Im O b e r s i l u r bildete sich eine geschlossene Karbonatfazies, zunächst mit Dolomit, Kalkmergel und grauen Crinoidenkalken, von denen ein Zug bis St. Johann im Pongau reicht. Darüber folgt auch im Osten Dolomit, der z. T. metasomatisch in Magnesit umgewandelt wurde.

Die Karbonatsedimentation setzte sich ohne scharfe Grenze ins U n t e r d e v o n fort. In dieses gehört der Spielbergdolomit, der aus dem Kitzbüheler Raum bis Leogang reicht. In einer tektonisch davon getrennten südlicheren Fazies wurden andere Dolomite sowie rote Flaserkalke („Sauberger Kalk") gebildet. Auch die unterdevonischen Gesteine wurden metasomatisch vererzt (Magnesit, Ankerit, Siderit).

Das O b e r d e v o n ist nicht gesichert; nach KLEBERGER und SCHRAMM (1981) könnte ein Streifen am Südrand zwischen Lend und Wagrain mit Kalkphylliten, Bändermarmor und Magnesit ins Oberdevon/Karbon gestellt werden.

Nicht geklärt ist die Fundstelle der K a r b o n f o s s i l i e n , die HAIDEN in blauschwarzen bis dunkelgrauen Sandsteinen bis Tonschiefern des Schwarzleotales westlich Leogang gesammelt zu haben angab; es handelt sich nach den Bestimmungen von KRÄUSEL und JONGMANS um A s t e r o c a l a m i t e s , L e p i d o s t r o b u s und E u o m p h a l u s aus dem Visé und P e c t o p e r i s   p l u m o s a aus dem Westfal. Mostler konnte aber trotz sorgfältiger Nachsuche im genannten Raum kein Karbon feststellen. Sicher ins Oberkarbon gehört das G a i n f e l d k o n g l o m e r a t westlich Bischofshofen, nach KARL ein metamorphosiertes Tuffitkonglomerat, dessen Alter UNGER durch Pollenanalyse bestimmen konnte. Es ist als postvariszische Bildung aufzufassen. Nach GABL liegt es im Komplex der violetten Serie von Mitterberg; diese ist aber nur zum kleineren Teil oberkarbon, zum größeren Teil gehört sie ins Rotliegend (Unterperm). Sie besteht aus rotvioletten Quarziten und sandigen Schiefern; in ihrer Mitte befindet sich eine Lage von Quarzporphyrtuff, die die Grenze

Unter/Oberrotliegend markiert. Im Zechstein (Oberperm) folgt in diesem Raum die grüne Serie von Mitterberg (Schiefer, Sandsteine, Quarzite) mit Haselgebirge, Gips und Anhydrit. Sie bildet die unmittelbare Unterlage der Werfener Schiefer. Im Westen wird das Permoskyth durch die Hochfilzener Schichten vertreten; sie setzen mit einer Basalbreccie ein, darüber folgen rote Schiefer und Sandsteine, dann wie im Osten Quarzporphyrtuff, darüber Konglomerat, weiter oben Schiefer und mächtiger Sandstein (roter Buntsandstein; die Grenze zwischen Perm und Skyth läßt sich nicht fixieren). Ab Oberkarbon/Unterperm ist die gesamte Schichtfolge als postvariszische Basis der Kalkalpen anzusehen.

In vereinfachter Form ergibt sich folgender tabellarischer Überblick:

	W	E
Oberperm	Hochfilzener Schichten	Grüne Serie mit Haselgebirge
Unterperm		Violette Serie
Oberkarbon	Pflanzenführende Schichten Schwarzleotal?	Gainfeldkonglomerat
Unterkarbon		
Oberdevon		Kalkphyllit u. Bändermarmor im S?
Unterdevon	Spielbergdolomit Südliche Fazies mit Dolomit und Sauberger Flaserkalk	
Obersilur	Dolomit	Dolomit Kalkmergel und Crinoidenkalk
Untersilur	Höhere Wildsch.Sch.	Orthocerenkalk Dientener Sch., höh. Wildsch. Sch.
	Transgressionskonglomerat	
Ordoviz	Porphyroidplatte Tiefere Wildschönauer Schiefer	

In den östlichen Teil der Salzburger Grauwackenzone, im Grenzraum gegen die Steiermark, ist – als Schubspan der Kalkalpen – der Mandlingzug eingeschaltet. Nach LEIN 1975 besteht er aus Wettersteindolomit, geringmächtigen Raibler Schichten, karnischem „Tisoveckalk" und karnisch-norischem Hallstätter Kalk; er wird von Lein als Teil des Hallstätter Mittelkanalbereiches aufgefaßt.

Auf ihm transgrediert das Ennstaler Tertiär, beginnend mit graugrünen und rötlichen Tonen mit Kohlenschmitzen, die WINKLER-HERMADEN ins Oberoligozän stellt. Darüber folgen Konglomerate mit Geröllen aus dem Eozän (Nummuliten- und Lithothamnienkalk, in ersterem Nummuliten des Lutétien nach TRAUTH), aus Gesteinen der Grauwackenzone, der Radstädter Quarzphyllitregion und des Altkristallins, wogegen solche aus dem Radstädter Mesozoikum und aus dem Pennin fehlen, weil das Tauernfenster noch nicht freigelegt war. WINKLER-HERMADEN stellte das Konglomerat in das Eggenburg, TOLLMANN (1964) dagegen das gesamte Ennstaltertiär in das Eger. Weiter westlich gegen Wagrain zu folgen über den Konglomeraten Sandsteine und Tone mit Kohlenschmitzen. HEISSEL verfolgte die Fortsetzung dieses Tertiärs als Zone vertonten Mylonits nördlich der Klammkalke und bis in das Gebiet nördlich der Gerlosplatte; MOSTLER untersuchte den östlichen Teil dieser Mylonitzone genauer.

Sie markiert den Ausstrich der Tauernnordrandstörung, an der das Tauernfenster gegen die Grauwackenzone bzw. westlich von Mittersill gegen die unterostalpine Innsbrucker Quarzphyllitzone grenzt. Sie bildet also bis Mittersill die S ü d g r e n z e der Grauwackenzone; von Mittersill gegen WNW verläuft die Grenze gegen den von ihr überschobenen Innsbrucker Quarzphyllit, an der zwischen Uttendorf und dem Gr. Rettenstein einzelne paläozoische Dolomite und Kalke sowie Fetzen des nach TOLL-MANN mittelostalpinen Schwazer Augengneises auftreten.

Die N o r d g r e n z e gegen die Kalkalpen ist durch die Verschuppung unklar geworden; diese reicht bis in den südlichen Teil der Grauwackenzone, wie der sie spitz-winkelig querende Mandlingzug und das Auftreten der oberpermischen grünen Serie noch südlich des Hochkeils und östlich der Salzach in einer Linie von der Westseite des Forstecks bis zum Christkopf nördlich Wagrain zeigen.

Die I n n e n t e k t o n i k der Grauwackenzone ist z. T. variszisch, z. T. alpidisch; die letztere, die den Ferntransport der Zone über die Tauern herbeiführte, hat die varis-zische Tektonik schwer erkennbar gemacht. Das Streichen ist im Westen W-E, in den Dientener Alpen WNW-ESE. Im Raum zwischen Zeller Furche und Salzachquertal finden sich nach BAUER et al. 1969 nahe dem Salzachlängstal steil nordfallende Schup-pen, weiter nördlich steile Falten und im nördlichen Teil flachliegende Schuppen, die lokal von kleinen inversen Deckschollen überlagert werden.

Entsprechend der mehrphasigen Tektonik ist auch die M e t a m o r p h o s e (FRASL et al. 1974/75, EXNER 1979, KLEBERGER und SCHRAMM 1980, SCHRAMM 1980, BECHTOLD et al. 1981) z. T. variszisch, z. T. früh- und spätalpidisch, wobei eine scharfe Abgrenzung dieser verschiedenen Phasen nicht möglich ist. Sie ist epizonal, steigt von N nach S an und greift nach Kleberger und Schramm ohne Hiatus über die Tauern-nordrandstörung hinweg, was auf gemeinsame Überprägung der Grauwackenzone und des Tauernpennins in alpidischer Zeit hinweist.

I/8. Zentralzone des östlichen Lungau

(Oberostalpin, nach TOLLMANN größtenteils Mittelostalpin.)

Der Kontakt zwischen dem Grauwackenphyllit (hier „Ennstalphyllit": Phyllit, Quarzphyllit, Serizitquarzit) und dem nördlichsten Lappen des Schladminger Gneises ist nach einigen Autoren ein Transgressionskontakt, nach FORMANEK hingegen liegt eine Überschiebung der Ennstalphyllite über Schladminger Gneise vor. TOLLMANN (1978) erwähnt permische Rannachserie im Obertal bei Schladming (Steiermark) zwischen Ennstaler Phylliten und Schladminger Gneisen, was die tektonische Trennung erhärtet.

Die Schladminger Gneise sind z. T. Ortho-, z. T. Paragneise; im Grenzgebiet zwischen beiden treten Migmatite auf. Nach FORMANEK erfuhren die Paragneise und Migmatite vermutlich in voralpidischer Zeit eine mesozonale Überprägung; auch die Intrusion der Orthogesteine ist nach ihm voralpidisch. Auch MATURA (1980) bestätigt voralpidische Tektonik, Metamorphose und Granitintrusion.

Während der alpidischen Orogenese kam es nach Formanek zur Diaphthorese (regressive Metamorphose), besonders an der Basis des Schladminger Kristallins, im Zusammenhang mit der Überschiebung über das Unterostalpin.

Vom S c h l a d m i n g e r   G n e i s g e b i e t (altkristallin, z. T. Ortho-, z. T. Paragneise) liegt auf Salzburger Boden: ein Gneislappen mit eingelagerten Amphiboliten bis östlich Forstau, ein weiterer (mit einer Amphibolitlage am Südrand) von der Gruppe Gasselhöhe–Rippeteck bis in das Waldgehänge östlich Farmau (östlich des Forstautales); die kleine Deckscholle auf dem Lungauer Kalkspitz; der Gneislappen des Seekarspitz; weiterhin das Gebiet des nördlichen Lungaus von der Linie östlich Tauernpaß-–Gurpetschek–nahe östlich Mauterndorf ostwärts bis zum Preber.

Im Prebergebiet liegt eine Antiklinale von Hornblendegneis vor, südlich davon folgen Gneise, die unter die Granatglimmerschiefer hinabtauchen, welche sich an die Schladminger Gneismasse südlich anschließen. Gneise und Granatglimmerschiefer sind hier verschuppt.

Die Grenze der G r a n a t g l i m m e r s c h i e f e r zieht von hier, bei Lessach und westlich davon durch einen Streifen mit paläozoischen Schieferkalken, Phylliten und Serpentin markiert, aus dem SCHÖNLAUB und ZEZULA (1979) Conodonten des Silur erwähnen, nach WSW; von hier südwärts sind die Granatglimmerschiefer an einer ungefähr N–S verlaufenden Grenze der Radstädter Serie des Katschberggebietes aufgeschoben. Es handelt sich um graue, manchmal grünliche Schiefer des Altkristallins mit Muskowit und Biotit und in der Regel reichlich vorkommenden Granaten. Gelegentlich, z. B. am Mitterberg, kommt darin auch Kalkmarmor, begleitet von Amphibolit, vor. Im Bundschuhgebiet treten G r a n i t g n e i s e auf; eine zweite kleinere Scholle von ihnen liegt östlich Tamsweg. Für die Orthogneise liegen radiometrische Altersbestimmungen von 371 bis 381 Mill. Jahren vor; die Glimmerschiefer dürften altpaläozoisch sein. Die mesozonale Metamorphose ist voralpidisch, eine jüngere frühalpidische Metamorphose erfaßte das „Altkristallin" gemeinsam mit dem Stangalmmesozoikum (J. PISTOTNIK 1980). Auch EXNER (1980), der sehr genau das Gebiet unmittelbar östlich der Katschberglinie untersuchte, stellt mesometamorphe Entstehungsbedingungen der Glimmerschiefer und gut erhaltene Mesometamorphose in darin enthaltenen Paragneisen fest; während der alpidischen Überschiebung über Unterostalpin und Pennin entstanden Diaphthorese und epimetamorphe Rekristallisation, besonders an der Basis des Kristallins über dem Unterostalpin des Katschberggebietes, wo die Glimmerschiefer phyllitisch werden. Im Bereich der Südostgrenze des Lungaues liegen über dem Bundschuhgneis Bänderkalke und Dolomite der S t a n g - a l p e n t r i a s i. e. S., die von K a r b o n k o n g l o m e r a t überschoben werden; am Frauennock wird dieses von pflanzenführenden S c h i e f e r n d e s O b e r - k a r b o n s überlagert. Die Stangalpentrias gehört nach TOLLMANN noch zum Mittelostalpin; das darüber geschobene Karbon der Gurktaler Decke ist auf alle Fälle oberostalpin.

Das Becken des Lungaues ist von T e r t i ä r s c h i c h t e n ausgefüllt; ihr Hauptvorkommen zieht sich von Mariapfarr über St. Andrä bis über Sauerfeld, kleinere finden sich beim Sattel von Pichlern, am Aineck und am Nordhang des Schwarzenberges. Die Basis bilden Konglomerate aus Glimmerschiefer- und Phyllitgeröllen meist von geringer Korngröße; Gerölle aus den Schladminger, Radstädter und Hohen Tauern fehlen. Die Konglomerate wechsellagern mit Sandsteinen, über diesen folgen kohleführende sandige Tone, Mergel, Sandsteine, endlich schiefrige Mergel und Tone. Dieses Tertiär gehört großenteils dem mittleren Miozän (nach HEINRICH 1980 Karpat) an. Die Tertiärschichten entstanden in einer ausgedehnten Seelandschaft mit Flachrelief, sie sind wie das Ennstaltertiär ein in tektonisch geschützer Lage versenkter Rest.

I/9. Unterostalpin

G e s t e i n e :

1. Obere Radstädter Deckengruppe (hauptsächlich nach TOLLMANN, z. T. nach BLATTMANN).
(Die angegebenen Mächtigkeitszahlen sind Maximalmächtigkeiten.)

Übergang Lias — Dogger	15 m Crinoidenkalk mit Belemniten
Lias	120 m Ton- und Kalkschiefer (Pyritschiefer) 60 m Kalkmarmor mit Crinoiden und Belemniten
Rhät	20 m Dachsteinkalk mit Megalodonten und Korallen 20 m Kalk- und Tonschiefer (Kössener Schiefer) mit Korallen
Nor	20 m Plattenkalk 300 m Hauptdolomit
Karinth	50 m Opponitzer Dolomit und Kalk 30 m Tonschiefer (Pyritschiefer) mit Lagen von Lunzer Sandstein
Ladin	90 m Partnachschichten (Dolomit, Tonschiefer, Rauhwacke, Kalk) mit Crinoiden und Gastropoden 300 m Wettersteindolomit mit *Diplopora annulata*
Anis	150 m Dolomit, Bänderkalk, Pyritschiefer 50 m Rauhwacke
Skyth	20 m Oberskythische Serizitschiefer 150 m Lantschfeldquarzit
Perm	130 m höherpermischer alpiner Verrucano (Serizitschiefer und Quarzit)
Altpaläozoikum	Quarzphyllit, Tonschiefer, schw. Phyllite, Grünschiefer, Eisendolomit
Altkristallin	Gneise von Lantschfeld, Tweng und Mauterndorf

TOLLMANN verweist auf die stratigraphischen Beziehungen des Mesozoikums der oberen Radstädter Decken zur Serie der Kalkvoralpen, was auf deren südlich an das Unterostalpin anschließenden Heimatbereich hindeute.

2. Untere Radstädter Deckengruppe (Weißeneck-Hochfeinddecke) (nach CLAR und TOLLMANN).

K r e i d e (?)	100 m Schieferserie mit Schwarzeckbreccie (nach KOBER und BLATTMANN Oberjura, nach TOLLMANN Oberjura-Neokom)
J u r a	Oberer „Radiolarit" Aptychenkalk Unterer „Radiolarit" (rote Quarzite und Schiefer) 200 m Liasbreccien, sandige, kalkige und tonige Schiefer, Belemniten- und Crinoidenkalk
R h ä t	Dunkle Kalke und Schiefer
N o r	Plattenkalk Hauptdolomit
K a r i n t h	Raibler Schiefer und Dolomit
L a d i n	Wettersteindolomit
A n i s	Helle Bändermarmore und Rauhwacken
S k y t h (und Perm?)	Helle Quarzite
Paläozoikum	Quarzphyllit, Schiefer, Grauwacken

Mächtigkeiten im ganzen geringer als in der oberen Deckengruppe, besonders in der Trias.

Über die nachtriadischen Breccien der Hochfeinddecke arbeitete HÄUSLER (1980, 1981, 1982); die Liasbreccien bringt er mit Zerrungsvorgängen beim Aufreissen des südpenninischen Ozeans in Zusammenhang, die Schwarzeckbreccie mit der Subduktion des Südpennins und der Anlage des internen unterostalpinen Deckenbaues.

Die mesozoischen Gesteine der Radstädter Decken enthalten nur noch selten Fossilien und erhielten durch Belastung infolge darüber bewegter Decken ihre epi- bis anchizonale Metamorphose.

3. Katschbergzone (nach EXNER).
Bänder- und Glimmerkalk.
Dolomit, auch Eisendolomit (der als metamorphisierter Triasdolomit aufgefaßt wird).
Serizitquarzit.
Quarzpyhllit.

4. Westliche Vorkommen des Unterostalpin.
Die westliche Fortsetzung der Radstädter Tauern ist – da sich die Klammkalkzone als penninisch herausgestellt hat – nur in Form einzelner Fetzen von Radstädter Quarzphyllit, skythischem Quarzit, Rauhwacken des tiefsten Anis, anisischem Bänderkalk und Dolomit längs der früher erwähnten Mylonitzone erhalten, die den Ausstrich der Salzachtalstörung (Tauernnordrandstörung) markiert; die Hangendschichten des Unterostalpin wurden hier von der Störung scharf abgeschnitten (MOSTLER).

Der K a l k   v o n   W e n n s - V e i t l e h e n bei Mühlbach, früher auf Grund eines wohl falsch lokalisierten Favosites für paläozoisch gehalten, wurde durch die Auffindung ladinischer Fossilien ebenfalls als mesozoisch erkannt und von FISCHER in die

Kette der Bindeglieder zwischen Radstädter Tauern und Krimmler Trias eingereiht (was FRASL bezweifelt, da keine lithologische Übereinstimmung mit der Krimmler Trias bestehe). Die K r i m m l e r T r i a s , die westlichste Vertretung des „unterostalpinen" Mesozoikums auf Salzburger Boden, setzt bei Neukirchen ein, quert die Mündung der beiden Sulzbachtäler und wird in der Nesslinger Wand mächtiger (grünweißer Skythquarzit, Anis, Diploporendolomit).

FRISCH (1980) rechnet die Krimmler Trias und den Wennser Kalk zum Pennin, ebenso POPP (1981).

Zum Unterostalpin ist nach den Befunden in Tirol (stratigraphische Verknüpfung Tarntaler Mesozoikum – Innsbrucker Quarzphyllit nach ENZENBERG) auch der Innsbrucker Quarzphyllit zu rechnen. Es handelt sich um einen silbergrau-bräunlichen Phyllit mit Quarzknauern und -linsen; ihm aufgelagert sind die „Steinkogelschiefer" (granatführende Albitquarzschiefer bzw. Biotitglimmerschiefer). Der Innsbrucker Quarzphyllit reicht auf Salzburger Boden bis zur Linie Gr. Rettenstein – Mittersill, an der er von der oberostalpinen Grauwackenzone mit Überschiebungskontakt überlagert wird.

Sein Alter ist nach TOLLMANN (1977) und SCHÖNLAUB (1979) altpaläozoisch.

B a u :

Die Radstädter Decken samt ihren Fortsetzungen nach Süden (Katschbergzone) und Westen (südlich des Salzachlängstales) bilden den „unterostalpinen" Rahmen des Tauernfensters und tauchen nach Norden, z. T. an der durch vertonten Mylonit (HEISSEL) gekennzeichneten Störung, unter die Grauwackenzone, nach Osten unter das Schladminger Kristallin und unter die Granatglimmerschiefer ein.

In den Radstädter Tauern folgt unter dem Schladminger Kristallin und auch weiter westlich unter der Grauwackenzone zunächst eine v e r k e h r t e S e r i e (womit aber nicht bewiesen ist, daß das Schladminger Kristallin deren Basis ist); nach TOLLMANN (1977) steht im Forstau- und im Preuneggtal im Hangenden dieser verkehrten Serie noch einmal permischer Verrucano an, womit die Trennung gegenüber dem Schladminger Gneis gesichert sei (so auch MATURA 1980).

Das Permomesozoikum dieser „Quarzphyllitdecke" zieht sich vom Tauernpaß über den Johannesfall und das Gnadenbrückl bis ins untere Taurachtal hinab, wo es das große Halbfenster von Untertauern und die Fenster von Lackengut und Brandstatt aufbaut; auch das Fenster des Lackenkogels weiter westlich gehört dazu.

Nach ROSSNER (1979) liegt hier eine aufrechte mesozoische Schichtfolge vor, sodaß die Quarzphyllitdecke nicht zur Gänze invers, sondern eine Liegendfalte mit dem Mesozoikum des Lackenkogels im Hangendschenkel wäre. Im Liegenden dieser verkehrt lagernden Decke folgt (ebenfalls noch zum Komplex der oberen Radstädter Decken gehörig) im Bereich der P l e i s l i n g g r u p p e eine Gruppe nordvergenter Liegendfalten (TOLLMANN unterscheidet von oben nach unten Kesselspitz-, Pleisling- und Lantschfelddecke), über die hinweg die erwähnte verkehrte Serie in einer Art großer Flexur sich nach Norden hinabbeugt.

Auch in der Mosermannlgruppe konnte TOLLMANN eine Reihe flacher Liegendfalten mit Nordvergenz feststellen, die unter einer starren Platte von Wettersteindolomit liegen. Schuppenbau ist dort nicht anzunehmen.

Nördlich der Steinfeldspitze kommt es zur Einwicklung der höheren verkehrten

Serie durch eine flach lagernde, normale Serie, die aber ihrerseits am Spatzeck wieder von der verkehrten Serie überlagert wird; diese ist mit der des Taurachtales identisch, nur sekundär geriet letztere in die tiefe Position (MEDWENITSCH).

Die Kalkspitzmulde ist eine sekundär von N nach S verfrachtete Liegendfalte mit synklinalen Faltenschlüssen im S: sie wird vom mittelostalpinen Kristallin im Hangenden und Liegenden umhüllt. Die Lantschfelddecke liegt noch im Hangenden des Twenger Kristallins, das von den meisten Forschern als Basis der oberen Deckengruppe angesehen wird und ist nach TOLLMANN besonders stark verschuppt.

Im Liegenden dieses Kristallins folgt die u n t e r e D e c k e n g r u p p e (höhere Decke die Hochfeind-Weißeneck-, tiefere die Speiereckdecke, dazwischen die Malutzschuppe), deren Tektonik z. T. nordvergente Liegendfalten (Fließtektonik unter der Belastung durch die darüber liegenden Decken), z. T. Schuppenstruktur (CLAR) aufweist.

Schließlich zeigt sich im Liegenden dieser unteren Deckengruppe noch eine S c h u p p e n z o n e als Grenzhorizont gegen die Tauernschieferhülle.

Für das A l t e r d e r T e k t o n i k ist die Frage entscheidend, ob die Schwarzeckbreccie jurassisch (KOBER) bzw. neokom (TOLLMANN) oder oberkretazisch (CLAR) ist; im ersteren Fall ist die Hauptbewegung wahrscheinlich wenigstens großenteils vorgosauisch, im letzteren tertiär.

Die R i c h t u n g d e r B e w e g u n g e n ist im allgemeinen S–N; nach TOLLMANN handelt es sich um eine nordvergent transportierte Sedimentplatte, die während des Transportes in weitere Teildecken zerschnitten wurde. An den Liegendfalten ist die Nordvergenz deutlich abzulesen, was gegen einen zweiseitigen Zuschub des Tauernfensters von N und S her spricht. Die Radstädter Decken wurden unter der Last der höheren ostalpinen Decken nach Norden transportiert. Gegen eine Aufschiebung des Schladminger Kristallins von Osten her (SCHWINNER) sprechen die W–E-streichenden Keile des Schladminger Gneises, die nach Westen eingreifen; das Einfallen des Radstätter Mesozoikums unter das Schladminger Kristallin ist also nicht auf eine Aufschiebung von Osten, sondern auf östlich gerichtetes Achsengefälle zurückzuführen.

Auch SCHWAN (1965) bestätigt mittels kleintektonischer Strukturanalyse, daß die mehr oder weniger nordgerichteten Bewegungen die leitenden Strukturen bedingten; ebenso ROSSNER (1979) (südvergente Formen jüngere, lokale Erscheinungen ohne Bedeutung für die Großtektonik).

Ebenso muß das Kristallin östlich der Katschbergzone in S–N-Richtung bewegt worden sein, da die Faltenachsen in diesem Gebiet W–E streichen (EXNER).

Im K a t s c h b e r g g e b i e t unterscheidet EXNER zwei Schollenzonen mesozoischer Gesteine in Verbindung mit Quarzphyllit: die östliche, von St. Michael südwärts verlaufende „Lisabichlzone" liegt innerhalb der Quarzphyllitmasse, doch ist ihr Verband mit dieser infolge intensiver Verschuppungen nicht erkennbar; die westliche, ebenfalls südlich St. Michael verfolgbare „Tschaneckzone" folgt dem Überschiebungsrand über die Tauernschieferhülle und stellt den inversen Liegendschenkel der Quarzphyllitmasse dar. EXNER verbindet diese westliche Zone mit der Speiereckschuppe der unteren Radstädter Deckengruppe; für die östliche Schollenzone muß er den Anschluß infolge schlechter Aufschlußverhältnisse offen lassen.

Die w e s t l i c h e F o r t s e t z u n g der Radstädter Decken wurde bereits im stratigraphischen Teil erwähnt.

40

Wie in den Radstädter Tauern die Quarzphyllite nördlich an das Mesozoikum anschließen, so auch im Westen der Innsbrucker Quarzphyllit an die Krimmler Trias (und ihre Fortsetzungen in Tirol).

I/10. Tauernfenster (Penninikum)

Daß es sich beim Tauernfenster um ein penninisches Fenster handelt, wird durch die weitgehenden faziellen Analogien zum Schweizer Penninikum bewiesen; dazu kommt die Tatsache, daß auf weite Strecken hin ein unterostalpiner Rahmen gegeben ist. Die frühalpidische Hochdruckmetamorphose der Tauerngesteine kann am ehesten durch die Belastung, die die über die Tauern transportierten unter-, mittel- und oberostalpinen Gesteinsmassen ausübten, erklärt werden. Daß dieser Transport einheitlich in nördlicher Richtung erfolgt ist, wird durch den Achsenplan erwiesen (EXNER 1952 u. a.); südvergente Strukturen im Nordteil der mittleren Hohen Tauern sind als sekundäre jungtertiäre Ausweichbewegungen zu erklären (FRASL und FRANK 1966).

Gesteine:

Im Salzburger Anteil des Tauernfensters gibt es vier größere Kerne von granitischem Z e n t r a l g n e i s , die von der Schieferhülle ummantelt werden:

1. der Venedigerkern mit den beiden Sulzbachzungen und der Habachzunge,
2. der Granatspitzkern,
3. der Sonnblickkern (mit den westlich davon herübergreifenden Rote-Wand-Gneisen),
4. der Ankogel-Hochalm-Kern.

Der Zentralgneis hat nur stellenweise den Charakter eines körnigen Granites bewahrt; großenteils ist er geschiefert und metamorphosiert. Als Varietäten kommen vor: porphyrischer Zentralgneis, Syenitgneis, „Forellengneis" mit eingelagerten Glimmeranhäufungen, „Weißschiefer", ein durch besonders starke Schieferung entstandener, feinblättriger, weißer Serizitschiefer. KARL schlug 1956 bzw. 1959 vor, den Ausdruck „Zentralgneis" zu vermeiden, da er zwei scharf geschiedene Haupttypen abtrennt, den „Augen-Flasergranitgneis" und den „Tonalitgranit". Da auch der letztere metamorph und mehr oder minder geschiefert ist, drang dieser Vorschlag nicht durch, die Bezeichnung Zentralgneis wurde allgemein beibehalten.

Die Zentralgneise gehen auf vorwiegend saure plutonische Gesteine wie Granite, Tonalite, Granosyenite zurück. Der größte Teil von ihnen dürfte während der variszischen Orogenese in Form von normalen Plutonen in das „alte Dach" vorkarboner Gesteine eingedrungen sein; im Norden der Gneiskerne liegt Permomesozoikum an mehreren Stellen mit z. T. noch erhaltenem Transgressionskontakt darüber, so nach FRASL am Hachelkopf südlich Neukirchen, wo der mesozoische Hachelkopfmarmor die Walze der Sulzbachzungen umgreift (FRASL 1953) und nach EXNER am Stubner Kogel bei Badgastein und im Silbereckgebiet (nahe Rotgülden), wodurch wenigstens in diesen Gebieten – in denen auch keinerlei Anzeichen eines Primärkontaktes auf jüngere Intrusion hinweisen – vormesozoisches Alter der Granitbildung erwiesen ist. Dazu kommen radiometrische Altersbestimmungen mittels der Rubidium-Strontium-Methode, die für den Zentralgneis des Gebietes von Böckstein ein Mindestalter von 234 ± 14 Millionen Jahren ergaben (LAMBERT). Für den Tonalitgranit des zentralen Venedigergebietes (im Gegensatz zum Augengranit des nördlichen Venedigergebietes) nahmen allerdings KARL und SCHMIDEGG alpidische Intrusion an, analog den Tonaliten der periadriatischen Intrusiva. In der Arbeit von BESANG, HARRE, KARL u. a. (1968) wurde auf Grund von Kalium-Argon-Daten die Möglichkeit variszischer Intrusion des Tonalitgranits eingeräumt. Neuere radiometrische Untersuchungen ergaben für die Tonalite und Granodiorite Alter von 315 bis 326 Mill. Jahren (CLIFF zuletzt 1981, zitiert nach STEYRER, 1982).

EXNER, der Bearbeiter der östlichen Hohen Tauern, hatte in früheren Arbeiten angenommen, daß ein beträchtlicher Anteil der Tauerngranite durch alpidische metasomatische Granitisation infolge Wiederaufwärmung und Zirkulation von Ichor aus anderen Gesteinen gebildet worden sei. Dagegen wandte sich FRASL unter Hinweis darauf, daß die gerade in den östlichen Hohen Tauern häufig feststellbare Art der Einschlußregelung in großen Kalifeldspaten auf Wachstum in einer Schmelze mit freischwebenden Einzelkristallen schließen lasse. EXNER selbst schränkte später den Anteil der Granitisation durch Ichorese erheblich ein.

Die Metamorphose der granitischen Gesteine wird allerdings allgemein mit der alpidischen Orogenese in Zusammenhang gebracht. Es handelt sich um eine niedrigmetamorphe, nämlich im wesentlichen epizonale Überprägung, durch die diese Gesteine zum Zentralgneis wurden.

Die gleiche alpidische Regionalmetamorphose erfaßte auch die Gesteine der Schieferhülle. Es wurden die präkambrischen bis unterkretazischen Sedimente und Vulkanite sowie präkambrische bis variszische Metamorphite weitestgehend in niedrigmetamorphe Schiefer umgewandelt (Tauernkristallisation SANDERS). Nach heutiger Erkenntnis ist die alpidische Metamorphose im Tauernfenster zweiphasig; nach einer frühalpidischen, kretazischen Hochdruckmetamorphose, die mit der in der Oberkreide einsetzenden Überfahrung durch die ostalpinen Decken zusammenhängt, kam es jungalpidisch (im Tertiär) zu stärkerer thermischer Beeinflussung, besonders nach beendeter Überschiebung durch die ostalpinen Decken (THIELE 1980).

Die Kristallisation überdauerte daher meist die Hauptdeformation. Nahe dem nördlichen Fensterrand war die Metamorphose schwach (Beginn der Grünschieferfazies), in den inneren Gebieten stärker (Beginn der Amphibolitfazies).

Das Alter der Gesteine der Schieferhülle ist paläontologisch nur sehr mangelhaft zu bestimmen, da die meisten Fossilien im Zuge der Metamorphose zerstört wurden; nur am Nordrand, wo die Metamorphose schwächer war, sind Fossilien erhalten. So gelang R. v. KLEBELSBERG 1940 unweit Mayrhofen (Tirol) der Fund eines Perisphinctes in dem der Zentralgneisschwelle aufgelagerten Hochstegenkalk (von MUTSCHLECHNER 1956 bestätigt); SCHÖNLAUB, FRISCH und FLAJS ergänzten 1975 diesen Hinweis auf Oberjuraalter durch die Beschreibung weiterer Fossilfunde (Radiolarien, Schwammspiculae, Belemnit) im Hochstegenkalk. Ebenfalls in Tirol, im Gebiet der Gschößwand fand KRISTAN-TOLLMANN 1962 anisische Crinoiden und Gastropoden, ebenso FRISCH 1975 unweit des Brenners. In Salzburg fanden sich Crinoiden nicht näher bestimmten Alters im Wolfbachtal (BRAUMÜLLER 1939) und im Klammkalk (BRAUMÜLLER 1938, EXNER 1979). BOROWICKA 1966 konnte einen Dolomit an der Basis der Oberen Schieferhülle im Dietelsbachtal WSW von Kaprun durch Fund von Diplopora annulata als mitteltriadisch bestimmten. KLEBERGER, SÄGMÜLLER und TICHY 1981 erwähnen einen Lamellaptychus des Malm und Crinoiden im Kalkphyllit des Fuscher Faziesbereiches der Oberen Schieferhülle an der Nordflanke der Drei Brüder (Aufnahmsgebiet SÄGMÜLLER). Im übrigen beruht die Altersbestimmung der Gesteine der Schieferhülle auf Serienvergleichen (FRASL 1958). Er unterscheidet fünf Serien:

1) eine „a l t k r i s t a l l i n e " Serie (vorkambrisch bis altpaläozoisch) mit Relikten einer variszischen oder noch älteren Metamorphose, die höher ist als in den mesozoischen Serien (mesozonale Kristallisation); dazu gehört eine Amphibolitfolge (besonders im Zwölferzug im Bereich des äußeren Stubach- und Felbertales) und eine Folge alter Gneise vorwiegend im Südteil der höheren Schieferhülle über dem Granatspitzkern.

2) Die „H a b a c h s e r i e ", eine sehr mächtige Beckenfazies des höheren Altpaläozoikums (nach STEYRER 1982 sind auch jungpaläozoische Anteile möglich; dieser Autor vermutet ursprünglichen Zusammenhang des Zentralgneises der südlichen Sulzbachzunge mit der „Habachserie" der zwischen beiden Sulzbachzungen liegenden Knappenwandmulde, vermittelt durch einen an den plutonischen Granitgneis anschließenden vulkanitischen Porphyrgneis), zu der der ältere Teil der dunklen Phyllite („Habachphyllite") im Übergang gegen Lydite, ferner große Massen saurer, intermediärer und basischer Vulkanite gehören, die (nach STEYRER) den Vulkaniten der Anden vergleichbar sind; die Metamorphose dieser Serie reicht höchstens bis zur Grenze Epizone-Mesozone, ohne höhermetamorphe Reliktbestände.

Nach der Primärbildung der Gesteine der Habachserie kam es zur variszischen Orogenese mit den Intrusionen der Granite in das „alte Dach", das aus den Serien 1 und 2 besteht; nach Abtragung des variszischen Gebirges transgredierte

3) die permoskytische „W u s t k o g e l s e r i e ", ursprünglich eine etwa 100 m mächtige Schuttdecke von Quarzsanden und Arkosen, die heute als Quarzite, Quarzitschiefer und Arkoseschiefer vorliegen.

4) Die „T r i a s s e r i e ", die in einem flachen Meer abgesetzt wurde, das in Verbindung mit der im Süden anschließenden ostalpinen Geosynklinale stand; im Gegensatz zu dieser ist die Mächtigkeit der Triassedimente hier sehr gering (maximal 200 m). Die Trias (meist als „Seidlwinkltrias" bezeichnet) hat hier germanischen Charakter. Zuerst wurden Kalke abgelagert, die jetzt als Kalkmarmore vorliegen, dann folgten Dolomite, im Keuper kam es zeitweise zur Abschnürung vom offenen Meer, so daß neben Dolomit auch Gips gebildet wurde, den Abschluß bilden tonige Sedimente nach Art der Quartenschiefer, jetzt als Chloritoidphyllite vorliegend.

5) Die überwiegend jurassische „B ü n d n e r s c h i e f e r s e r i e " erreicht mehrere Kilometer Mächtigkeit, da zu Beginn des Jura der südpenninische Trog entstand und seither in Senkung begriffen war. Es handelt sich um tonige, mergelige und sandige Sedimente; im Lias wurden Dolomitbrocken eingestreut, wodurch später Dolomitbreccien gebildet wurden. Auch Karbonatquarzite gehören zu den typischen Liassedimenten. Größere Verbreitung hat in der Serie der jüngere Teil der dunklen Phyllite („Rauriser Phyllite"), dessen jurassisches Alter FRASL durch die Verbindung mit Kalkphylliten und anderen Gesteinen der typischen Bündnerschieferserie festlegen konnte; ferner gehören hierher die Kalkglimmerschiefer, die vielfach mit Prasiniten wechsellagern. Das basische Ausgangsmaterial dieser letzteren wird großenteils als Basalt der ozeanischen Kruste aufgefaßt (TOLLMANN 1975, BICKLE u. PEARCE 1975, HÖCK u. MILLER 1980, HÖCK 1980, 1981), zum Teil auf Inselvulkanite zurückgeführt (FINGER und HÖCK 1982). HÖCK (zuletzt Vortrag 1983) unterscheidet drei Züge von Metabasiten (metamorphen basischen Gesteinen), von denen der südlichste außerhalb des Landes Salzburg gelegene, der über den Großglockner hinwegzieht, und der mittlere ursprünglich zusammengehörten, eine typische, mit Ultrabasiten einsetzende Ophio-

lithfolge aufweisen und sowohl petrographisch als auch geochemisch den Ophiolithen des Südpenninikums der Westalpen sowie der Ozeanböden des Atlantik entsprechen; der nördliche Prasinitzug (Zederhaustal-Großarltal-Rauristal) dürfte eher auf subaerischen Vulkanismus zurückgehen (FINGER u. HÖCK 1982), kleinere Vorkommen im Nordosten des Fensters, im Bereich der Fuscher Fazies (s. u.), auf Intrusion am Kontinentalrand.

Das Ende der Sedimentation kann nicht eindeutig festgelegt werden, doch werden von mehreren Autoren noch neokome Gesteine als Schichtglieder der Bündnerschieferserie vermutet.

Eine Sonderstellung nimmt die geringmächtige Serie mit dem oberjurassischen H o c h s t e g e n k a l k ein, die auf den Gneiskernen transgrediert und eine Schwellenzone markiert (Nordrand der Venedigergruppe und weiter westlich). Diese wurde von FRISCH (seit 1974) und THIELE (1980) dem helvetischen Sedimentationsraum zugerechnet. Auch FAUPL (1978) nimmt für den Jura Nachbarschaft der ultrahelvetischen Zone und der Hochstegenschwelle an, erst in der Unterkreide habe sich zwischen beiden der nordpenninische Flyschtrog eingesenkt.

EXNER (1979) unterscheidet in der Klammkalkzone alpinen Verrucano (Perm), Triaszüge und den wahrscheinlich jurassischen Klammkalk; er bezieht die Klammkalkzone zusammen mit dem Sandstein-Breccien-Komplex aus dem Raum der Matreier Zone (Südrahmen des Fensters), die als penninisch-unterostalpine Mischzone.aufgefaßt wird. Die Sandsteine der an die Klammkalkzone südlich anschließenden Sandstein-Breccien-Zone haben teilweise Flyschcharakter (PREY 1975, 1977). Nach PEER und ZIMMER (1980) sind die Klammkalke ein weniger metamorphes Äquivalent der Kalkglimmerschiefer, brauchen daher nach ihrer Meinung nicht als eigenständiges Element aufgefaßt zu werden; ihr Ablagerungsraum dürfte allerdings südlicher, näher dem Kontinent, der südlich des südpenninischen Ozeans lag, gelegen haben, worauf die benachbarten Sandstein-Breccien-Züge hinweisen.

Hinsichtlich der gegenseitigen Altersbeziehungen und der Ablagerungsräume der Bündnerschieferserienanteile bestanden Meinungsverschiedenheiten. FRASL (1958) vertrat die Ansicht, daß die dunklen Phyllite des Brennkogelgebietes und die darüber lagernde Kalkglimmerschiefer-Prasinit-Serie, die wegen der am Fuscher Kamm zwischengeschalteten „Triaslinsen" bisher als „obere Schieferhülle" von ihrer Unterlage tektonisch abgetrennt worden war, eine einheitliche stratigraphische Folge darstellen. EXNER stellte sich 1957 vor, daß über der Trias des autochthon-parautochthonen Sedimentmantels des Hochalm-Ankogel-Kernes etwas Kalkglimmerschiefer, Angertalmarmor und die Schwarzphyllite der Brennkogelserie folgen, über der Trias eines südlicheren Faziesbereiches zuerst ein mächtiger Kalkglimmerschiefer-Grünschiefer-Komplex und darüber als Hangendstes höhere Schwarzphyllite; Brennkogelserie und Kalkglimmerschiefer-Grünschiefer-Komplex wären also nicht ursprünglich übereinander abgelagert, sondern dieser letztere als Decke über die Brennkogelserie verfrachtet worden. 1964 hingegen ging auch EXNER zur Deutung der ganzen Folge der Bündner Schiefer als einheitlicher stratigraphischer Folge über, wobei er aber die Teilung der mesozoischen Schwarzphyllite in einen (tieferen) Anteil der Brennkogelserie und einen (höheren) Anteil als hangendste (neokome?) Schichtgruppe beibehielt.

Hingegen hielt TOLLMANN an der tektonischen Trennung zwischen Brennkogelserie („Untere Schieferhülle") und Kalkglimmerschiefer-Prasinit-Komplex („Obere Schieferhülle") fest und zwar auf Grund der „Triaslinsen", die nicht nur am Fuscher Kamm, sondern auch weiter östlich (Fröstelberg, Kramkogel, Türchelwände) zwischengeschaltet seien (was allerdings nach MATURA, der dieses östliche Gebiet bearbeitete, nicht einwandfrei feststeht).

FRANK (zuletzt 1969) suchte eine Faziesdifferenzierung innerhalb der Bündnerschieferserie nachzuweisen (vgl. die Profile und das Entwicklungsschema in FRASL-FRANK 1966): Die nördlichste Fazies sei die Schwellenfazies der Hochstegenkalkregion; nach Süden folge die Brennkogelfazies, deren Mächtigkeit auch noch unter 1000 m bleibe, mit vorherrschenden dunklen Phylliten und klastischer Beeinflussung von der Schwelle im Norden her, deren Trias abgetragen wurde und das Material der Dolomitbreccien lieferte; weiter südlich wäre das Gebiet der Glocknerfazies (sehr mächtige Kalkglimmerschiefer-Grünschiefer-Folge) zu denken, das die eigentliche Kernfüllung des geosynklinalen Troges bildete; gegen den südlichen Trogrand zu folge die Fazies der Fuscher Schieferhülle mit Dolomitbreccien, der Sandstein-Breccien-Zone im Wolfsbachtal, Kalken und Kalkphylliten, besonders aber wieder dunklen Phylliten, mit Einschaltungen basischer Gesteine; noch weiter südlich die Klammkalkzone und schließlich die im Süden zurückgebliebene Matreier Zone, deren penninische Anteile die unterostalpinen überwiegen dürften.

Die Hochstegen-Zentralgneisschwelle gilt als mittelpenninisch, die Region der Glocknerfazies (mit einstigen Basalten der Ozeankruste) als südpenninisch.

Bau:

Der Rahmen des Fensters scheint geschlossen zu sein; die Meinung KÖLBLS, der Innsbrucker Quarzphyllit komme westlich des unteren Habachtales mit dem Zentralgneis in Berührung und greife somit ins Fenster ein, ist durch den Nachweis FRASLS widerlegt, daß die noch südlich Neukirchen nachweisbare Krimmler Trias nicht schräg am Zentralgneis abschneidet, sodaß die nördlich dieser Trias anstehenden Quarzphyllite nicht mit dem Zentralgneis in Berührung kommen können. Der Innsbrucker Quarzphyllit bleibt durchwegs nördlich der Salzach. Im unteren Habachtal steht kein Innsbrucker Quarzphyllit an, vielmehr ein bedeutend hellerer, stark geschieferter Serizitquarzit (FISCHER) bzw. „Porphyrmaterialschiefer" der unteren Schieferhülle (HAMMER). Auch der Kalk von Wenns-Veitlehen, der früher als paläozoisch galt, jetzt aber als mesozoisch erwiesen wurde, gehört nicht zur Grauwackenzone. Auch weiter salzachabwärts gibt es keine Übergänge zwischen Grauwackenzone und Tauernschieferhülle. Der Verteilung im Norden: Quarzphyllit bis Mittersill, von da ostwärts Wildschönauer Schiefer entspricht südlich der Salzach keine ähnliche Gliederung. Nördlich der Salzach fehlen die Brecczienzüge und überhaupt die mesozoischen Gesteine, die südlich der Salzach eingeschaltet sind. Ferner sei nochmals auf die Zone vertonten Mylonits hingewiesen, die für eine durchgehende Störung spricht.

Auffallend ist allerdings die lithologische Verwandtschaft der Gesteine der Grauwackenzone und vieler Gesteine der Tauernschieferhülle beiderseits der Nordrandstörung bei Taxenbach (EXNER 1979).

Zwischen Innsbrucker Quarzphyllit bzw. Grauwackenzone und Tauernschieferhülle schaltet sich die allerdings lückenhafte Reihe mesozoischer Gesteinskomplexe ein, die von den Radstädter Tauern zur Krimmler Trias vermittelt und den eigentlichen Rahmen des Fensters darstellt.

Der Innenbau der Hohen Tauern wird durch eine im Gefolge der Subduktion unter das Ostalpin entstandene komplizierte Deckentekonik bestimmt, in die nicht nur die Schieferhülle, sondern auch die Zentralgneiskerne einbezogen wurden. So gliedert EXNER 1980 die z. T. in Salzburg, z. T. in Kärnten liegenden östlichsten Hohen Tauern folgendermaßen: die tiefste Einheit bildet der Orthogneis des Gößkernes mit seinem Alten Dach, das vom Pluton migmatisiert wurde. Über der zentralen Schieferhülle mit Glimmerschiefern folgt eine Tonalitgneisdecke, über ihr der Granitgneis des Hochalmkernes, der von der mesozoischen Silbereckserie überlagert wird. Darüber liegt als von Süden eingeschobene Decke die Storzserie (ein von einem Orthogneis abgeschertes Altes Dach) und die Kareckserie, dann erst die periphere Schieferhülle mit der wahrscheinlich jungpaläozoischen Murtörlserie, einer permotriadischen, der Wustkogelserie und Seidlwinkltrias in den mittleren Hohen Tauern entsprechende Serie, der tiefjurassischen Brennkogelserie und der hochjurassisch-neokomen Glocknerserie. Noch weiter nördlich ist die „Nordrahmenzone" einzuschalten.

Weiter westlich, im Gebiet von Gastein (1957) und Sonnblick (1964) hatte EXNER als tiefstes Element den aus Granitgneis bestehenden Hölltor-Rotgüldenkern, der dem Hochalmkern entspricht, ausgeschieden und darüber die aus Granodioritgneis bestehenden Romate Decke als von Süden eingeschoben aufgefaßt, die nachträglich von Westen her vom Siglitzlappen, der unter ihr mit dem Hölltorkern zusammenhänge, überfahren wurde. Der Sonnblickkern, der in der Tiefe ebenfalls mit dem Hölltorkern zusammenhängen dürfte, bildet eine Nordwest-Südost streichende Walze, die mit Nordostvergenz bewegt wurde und dabei die zwischenliegende Schieferhülle zur Mallnitzer Mulde zusammenschob. In die Schiefer dieser Mulde tauchen von oben einige Gneislamellen ein, die von Südwesten her über die Sonnblickwalze hinbewegt wurden. Die bedeutendste ist die hangendste dieser Lamellen, das Gneisband der Roten Wand, auf dem die periphere Schieferhülle abgelagert wurde.

Am Tauernnordrand faßt EXNER 1979 die „Nordrahmenzone" mit Sandstein-Breccienzügen und der Klammkalkzone als nach Norden verfrachtetes Gegenstück der Matreier Schuppenzone im Süden der Tauern auf. TOLLMANN (zuletzt 1980) gliedert die östlichen Hohen Tauern ähnlich: Über dem Gößkern mit seiner Umhüllung folgt die darüber geschobene Zentralgneisdecke des Raumes Gastein–Hochalm mit den Mesozoikum der Silbereckserie, überschoben von der Storzdecke; über dieser schaltet er die Rote Wanddecke ein, die sich aus einer Gneislamelle, der Wustkogel- und Seidlwinklserie und der Brennkogelserie zusammensetzt. Von dieser trennt er – wie auch andere Bearbeiter des Tauerngebietes – die Glocknerdecke = Obere Schieferhülle mit Kalkglimmerschiefern und Grünschiefern tektonisch ab, da sich zwischen Brennkogelserie und Obere Schieferhülle Triasschollen einschalten (z. B. im Kamm des Wiesbachhornes). Die oberste tektonische Haupteinheit wäre die Matreier Zone und die Nordrahmenzone mit Fuscher Fazies, Sandstein-Breccienzügen und Klammkalkzone.

Im Bereich der Glocknergruppe liegt eine durch Querfaltung entstandene Depression vor, sodaß hier die Obere Schieferhülle in besonderer Mächtigkeit erhalten ist.

Weiter westlich haben schon CORNELIUS und CLAR 1935 über dem Alten Dach des Granatspitzkernes die Riffldecken unterschieden, die mit Nordostvergenz über den Granatspitzkern bewegt wurden und in der nordwestlichen Glocknergruppe stirnen.

Im Westteil der Riffldecken steckt der Südteil des Venedigerkernes, der in ein Altes Dach intrudiert wurde; die von ihm ausgehenden, vom mesozoischen Hachelkopfmarmor überdeckten Sulzbachzungen bilden eine Walze (FRASL 1953). FRISCH (1974, 1980) ist der Meinung, daß die Riffldecken, die vielfach migmatischen Charakter haben, schon variszisch gebildet wurden; nur ihre Digitation in den mesozoischen Gesteinen der Glocknergruppe wäre alpidisch entstanden. Der Venedigerkern, der im Jura seine transgressive Bedeckung in Hochstegenfazies erhielt, wurde altalpidisch überschoben durch die vom Brenner bis in den Raum von Krimml reichende Wolfendorndecke (Altpaläozoikum bis Unterkreide) und die Glocknerdecke mit eigener permotriadischer Basis und Bündnerschiefern (FRISCH hatte schon 1974 berichtet, daß die Serie der Glocknerfazies mit permotriadischer Basis über die Wolfendorndecke geschoben wurde). Die Glocknerdecke wurde nach Frisch infolge der in der frühen Oberkreide einsetzenden Subduktion über das Venedigergebiet hinweg verfrachtet. Die jungalpidische Tektonik erfaßte Venediger- und Glocknergruppe gemeinsam, wobei es zu einer weiteren Einengung kam; die Venedigerdecke erhielt damals ihren allochthonen Charakter durch Subduktion des nordpenninischen Ozeans.

Die Reihenfolge der Vorgänge sei noch kurz zusammengefaßt: Nachdem vom (?) Präkambrium bis zum Unterkarbon hauptsächlich tonige Sedimente und basische Vulkanite gebildet worden waren, wurden diese Gesteine während der variszischen Orogenese unter kata- bis mesozonalen Bedingungen in Paragneise, Glimmerschiefer und Amphibolite umgewandelt. In dieses Alte Dach hinein erfolgte im Zuge dieser Orogenese im Karbon und Perm die Intrusion granitischer Magmas, wobei sich durch Injektion ins Alte Dach Migmatite bildeten. Auch basische Gänge entstanden.

Im höheren Perm kam es großenteils zur erosiven Entfernung des Alten Daches und zur Transgression der Wustkogelserie, später zur Ablagerung geringmächtiger Trias in germanischer Fazies. Eine Vorläuferphase der jungen Orogenese führte zur Einstreuung von Dolomitbrocken in sandige, tonige und mergelige Liassedimente, die später bei der alpidischen Metamorphose in Dolomitbreccien mit quarzitischem, schwarzphyllitischem und kalkphyllitischem Bindemittel umgewandelt wurden.

Während des Jura und der Unterkreide kam es im Bereich des nun aufgerissenen südpenninischen Ozeans zur Bildung von Ophiolithen und zur Ablagerung der Bündner Schiefer.

In der Oberkreide wurde das Südpenninikum unter das Ostalpin subduziert, was mit der frühalpidischen Tektonik und einer durch die Belastung seitens der unterschobenen Platte bedingten Hochdruckmetamorphose (die in der Oberen Schieferhülle an Eklogiten, Prasiniten und Kalkglimmerschiefern beobachtet werden kann) einherging. Die Subduktion des Südpenninikums dürfte erst in der höheren Oberkreide zu dessen völligem Abtauchen geführt haben, da in die oberostalpine Gosaukreide nach WOLETZ (1963) bis in das Campan Chromspinell (wohl von während des Subduktionsvorganges hochgetriebenen Ophiolithen stammend) geliefert wurde. Der zweite Akt der alpidischen Tektonik und Metamorphose im Alttertiär führte zu stärkerer thermischer Beeinflussung. Die ostalpinen Decken überschritten nun den gesamten Bereich des Tauernfensters (nach FAUPL 1978 schon in der höheren Oberkreide).

Durch die Metamorphose, die die Deformation überdauerte („Tauernkristallisation" SANDERS), wurden die Granitmassive, in deren Bereich epi- bis mesozonale Bedingungen herrschten, in Zentralgneise, die Hüllengesteine in kristalline Schiefer umgewandelt. Nahe dem Rand des Fensters erreichte die Metamorphose nur den Beginn der Grünschieferfazies, im Inneren stieg sie bis zum Beginn der Amphibolitfazies an.

Die der alpidischen Orogenese nachfolgende Aufwölbung des Tauerngebietes führte zur Abtragung der darüberliegenden ostalpinen Gesteinsmassen. Mit weiterer Abnahme des Belastungsdruckes und Hebung des Bereiches entstanden Zerrungsrisse, in denen die Lösungen zirkulierten, aus welchen die Erzgänge (z. B. Golderzgänge) ausgeschieden wurden. Im Miozän war aber nach Ausweis der Ennstaler und Lungauer Miozänsedimente, in denen keine penninischen Gerölle vorliegen, wenigstens der Ostteil des Tauernfensters noch nicht freigelegt. Erst mit dem weiteren epirogenetischen Aufstieg der Tauern wurde seine Bedeckung erosiv entfernt.

II. Quartär

Das Quartär, dessen Beginn heute konventionell mit 1,79 Mill. Jahren angenommen wird, brachte gegenüber dem Tertiär zwar eine Klimaverschlechterung mit Wechsel von Kalt- und Warmzeiten, der erste im Salzachgletschergebiet nachweisbare Gletschervorstoß in das Vorland, die Günz-Eiszeit, ist aber erst um 700.000 vor heute anzusetzen (Endmoränen im Norden des Siedelberges in Oberösterreich nach WEINBERGER; neuerdings glauben GRIMM et al. (1979) auch die beiden Hügel westlich Burghausen in Bayern in der Hauptsache als Günz-Endmoränen ansprechen zu können). Während der pleistozänen Eiszeiten war der Großteil des Landes von einem E i s - s t r o m n e t z bedeckt. Dieses gehörte zum weitaus überwiegenden Teil dem Bereich des S a l z a c h g l e t s c h e r s an; über den Paß Thurn hinweg stand dieser Gletscher mit dem Gr. Achengletscher in Verbindung, südlich Zell am See teilte sich das Eis des Salzachgletschers in einer großen Diffluenz, ein erheblicher Teil der aus dem Oberpinzgau kommenden Eismasse floß nach Norden zum Saalachgletscher ab, der sich aber im Salzburger Becken wieder mit dem Salzachgletscher vereinigte, der andere Teil floß, verstärkt durch die Gletscher der östlichen Tauerntäler im Salzachtal weiter, trat aber auch über die Wagrainer Höhe und durch das Fritztal mit dem E n n s t a l g l e t s c h e r in Verbindung, der wieder über den Radstädter Tauern hinweg Zusammenhang mit dem M u r g l e t s c h e r besaß. Vom T r a u n g l e t - s c h e r stießen die Zweige Wolfgangsee – Tiefbrunnau bzw. Fuschlsee und Mondsee – Thalgau bzw. Irrsee ins Bundesland Salzburg vor; der Fuschlsee und der Thalgauer Arm waren zeitweise vereinigt und hatten im Gebiet westlich Thalgau Stirnberührung mit einem Zweig des Salzachgletschers. Zwischen Salzach- und Traungletscher ist noch der kleine Hinterseegletscher einzuschalten. Der Irrseearm erreichte das Landesgebiet an seinem Ende.

Das Z u n g e n b e c k e n des Salzachgletschers ist in das Stammbecken um Salzburg selbst (für dessen Austiefung der in der Bohrung nahe Kugelhof in 260,9 m Tiefe erreichte Felsgrund einen Maßstab bietet) und in die Zweigbecken aufzugliedern, von denen zwei zur Gänze in Bayern, das von Tittmoning an der Grenze, die übrigen sechs im Lande Salzburg liegen; es sind dies die Becken von Bürmoos (mit Fortsetzung ins oberösterreichische Ibmer Moos), Oichtental, Trumerseen, Wallersee, Unzing-Kraiwiesen, Guggenthal. Mit den Endmoränen des letzteren Zweigbeckens berühren sich bei Koppl die eines Armes, der bei Hallein abzweigte und durch das Wiestal floß.

Nach dem Abschmelzen der Gletscher bildeten sich im Zungenbecken jeweils große S e e n , die bis Golling zurückreichten; in ihnen wurden Bändertone und Deltaschotter abgelagert.

Die o b e r e G r e n z e d e r E r r a t i k a l i e g t

in den innersten Tauerntälern	bei 2400 – 2500 m
im Salzachtal bei Krimml	bei 2200 m
bei Zell am See	bei 2000 m
beim Eintritt des Gletschers in die Kalkalpen	bei 1900 m
südlich der Reiteralm und	
nördlich des H. Göll	bei 1500 m
am Nordrand des Untersberges	bei 1100 m
am Gaisberg	bei 1000 m

Das geringe Absinken der Eisoberfläche bis zum Südrand der Kalkalpen erklärt sich durch Stauung an den engen Durchgängen durch diese.

Die ältesten datierbaren E n d m o r ä n e n im Lande Salzburg sind die der M i n - d e l - E i s z e i t. Ein kleiner Anteil des gemeinsam vom Salzachgletscher und vom Irrseearm des Traungletschers gebildeten Walles, der südlich des Tales von Schneegattern durchzieht, liegt östlich Utzweih auf Salzburger Boden. Mindelzeitlich sind nach WEINBERGER auch eine hochgelegene Moräne am Tannberg (beiderseits Hallerbauer), ferner Wälle an der Südseite des Irrsberges sowie bei Sommerholz (Überfließen des Irrseegletschers), endlich am Hiesenberg nördlich der Pleicke.

Die übrigen Mindelmoränen des Salzachgletschers ziehen als hohe Wälle in großem Bogen durch Oberösterreich und Bayern.

Mindelzeitliche G r u n d m o r ä n e war gelegentlich aufgeschlossen an der Basis des Rainberg- und Mönchsbergkonglomerates (z. B. im Luftschutzstollen unter dem Kirchenhügel von Mülln, zwischen Flysch im Liegenden, Bändertonen, Sanden und Konglomerat im Hangenden).

Die letzterwähnten Ablagerungen gehören dem großen See an, der am Beginn des M i n d e l - R i s s - I n t e r g l a z i a l s das ganze Becken erfüllte.

Schräggeschichte verfestigte Deltaschotter dieses Interglazials bauen den Mönchs und Rainberg sowie den Hellbrunner Berg auf, sie finden sich auch am westlichen Teil des Morzger Hügels (hier weitgehend abgebaut), bei Asten östlich Kuchl (?), am Schwarzbach unterhalb des Gollinger Wasserfalls, bei Tax südwestlich Golling, beim Edtgut nahe dem Paß Lueg.

Horizontale, ebenfalls verfestigte Schotter desselben Interglazials liegen nordöstlich Großgmain sowie bei Tax vor. Vielleicht gehören hierher auch, als z. T. höher gelegene seitliche Talverbauungen, die horizontalen Schotter beiderseits der Glasenbachklamm, am Holzeck nördlich des Untersberges, im Bluntautal und am Nordfuß des Tennengebirges beim Winner Fall (hier auch Deltaschotter); jedenfalls ist es nicht angängig, aus größerer Höhenlage auf Günz-Mindel-zeitliche Ablagerungen schließen zu wollen, wenn es sich um seitliche Talverbauungen handelt. Ob ein Teil der Nagelfluh des Adneter Riedels Mindel-Riß-zeitlich ist, muß offenbleiben, ist aber wahrscheinlich.

Die Spiegelhöhe des Mindel-Riß-zeitlichen Sees wird mit 530 m angenommen.

R i ß - E n d m o r ä n e n : Ein äußerer Wall, gemeinsam von Salzach- und Irrseegletscher gebildet, zieht vom Koglerberg beim Irrsee nordwärts zum Ederbauer, dann nach Westen über Watzelberg bis nördlich Straßwalchen, jenseits der breiten Lücke des Lengauer Tales bis an den Ostfuß des Tannberges.

Im Norden ziehen zwei Riß-Wälle in Oberösterreich gegen die Salzach; in Bayern glauben GRIMM et al. vier Riß-Wälle unterscheiden zu müssen, wovon der äußerste auf dem langgestreckten Mindel-Wall südlich der Alz läge, was schon EBERS vermutete.

Der innere Wall zieht von Winzelroith über Stockham–Bodenberg–Höhlinger, dann nach SW in das Hügelgelände von Mitterfeld, nach Unterbrechung setzt er sich westlich der Station Steindorf über Enharting–Tannham fort. Die Verbindung zwischen Salzach- und Irrseegletscher ging aber dann verloren, der Wallerseearm des Salzachgletschers endete an der Linie Tannham–Enharting–östlich Steindorf, der Irrseegletscher bog südöstlich Straßwalchen in die Linie nördlich und südlich Thalham bzw. in eine Linie Rattenberg–Nordfuß des Irrberges zurück.

H o c h t e r r a s s e : Aus dem äußeren Rißwall geht die ältere (höhere) Hochterrasse bei Latein und Fisslthal hervor. Die jüngere Hochterrasse umzieht den inneren Rißwall östlich Straßwalchen und zieht nördlich Straßwalchen über Latein hinaus; nordwestlich Steindorf geht sie aus dem inneren Rißwall hervor und bildet das Feld von Roitwalchen–Haidach.

Ins R i ß - W ü r m i n t e r g l a z i a l gehören Deltaschotter im Wiestal (unterlagert von Seetonen), an der Taugl südöstlich Vigaun, an der Mündung des Gollinger Schwarzbaches, bei Klemmstein nahe Torren, bei Tax (über dem Mindel-Riß-Delta) und an der untersten Lammer; horizontale Schotter am Walserberg bei Wals, Urstein[3], am Adneter Riedel, beiderseits der Taugl bei Vigaun, bei Stockach nordwestlich Kuchl, am Georgenberg östlich Kuchl, bei St. Nikolaus (Torren), bei Klemmstein (Torren). Die Spiegelhöhe des Sees im Salzburger Becken war maximal 490 m, sank aber allmählich ab.

Im Lammertal sind hierher die horizontalen Schotter von Oberscheffau und wohl auch im Abtenauer Becken zu rechnen. Innerhalb des Paß Lueg gibt es Riß-Würminterglaziale Delta- und Deckschotter am Buchberg bei Bischofshofen und im Fritztal, Deltas am Ausgang des Wagrainer Tales (?) und des Großarltales; die mächtigen Schotter im Bereich der Taxenbacher Enge, das Delta des Thumersbaches, das Delta bei Alm. Dazu kommen noch die interglazialen Schotter im Lungau; nordöstlich Mariapfarr, zwischen Liegnitz- und Göriachtal, bei Lasa, nordöstlich Wölting und bei Haiden, ferner bei Mariapfarr und zwischen St. Andrä und Litzldorf (AIGNER).

Das Würm-Frühglazial war eine langdauernde Epoche mit verschiedenen Klimaoszillationen und eingeschalteten ausgesprochenen Warmzeiten besonders um 35.000 v. h. Der ins Vorland vordringende Hochglazialvorstoß erfolgte nach den Forschungen von FLIRI in den Bändertonen von Baumkirchen östlich von Innsbruck erst spät und dürfte kaum mehr als 10.000 Jahre gedauert haben. Der Höhepunkt des Hochglazials wurde um 21.000 v. h. erreicht. Im Frühwürm und beim hochglazialen Vorstoß wurden im nördlichen Teil des Salzburger Beckens die Laufener Schotter (am besten aufgeschlossen in der Salzachenge unterhalb Laufen) abgelagert, auf die sich dann die Grundmoränen des Würmgletschers legten.

W ü r m e n d m o r ä n e n   d e s   S a l z a c h g l e t s c h e r s : Das westlichste Vorkommen auf dem Gebiet des Landes Salzburg findet sich am Lielonberg nördlich Michlbeuern, ein weiteres westlich Perwang, wo die Endmoränen aus der Mittelmoräne des Hausberges (zwischen den Zweigbecken des Oichtentales und der Trumerseen) strahlenförmig hervorgehen. Den Niedertrumer See umspannend, erreichen sie Salzburger Gebiet wieder bei Schalkham, ziehen dann in drei Wällen südlich des Tannberges nach Osten:

Äußerer Wall Himmelsberg–Reisach–südlich Tannham–südlich Enharting; Mittlerer Wall Wallsberg–Berg–Gramling;

Innerer Wall Schleedorf–südlich Spannswag–südlich Gr. Köstendorf.

Östlich des Wallersees biegen die drei Wälle nach Süden um;

Äußerer Wall westlich Pfongau–Sieghartstein–Sendberg–Haising östlich Jagelbauer;

---

[3] STUMMER erwähnt hier außerdem Deltaschotter; es handelt sich aber nur um Diagonalschichtung innerhalb der horizontalen Schotter.

Mittlerer Wall östlich Neumarkt – Arring – Berg – Jagelbauer (südlich davon Vereinigung mit dem äußeren Wall);

Innerer Wall südlich Neumarkt – östlich Wankham – Friembichler – Schönberg.

Um das Zweigbecken von Unzing-Kraiwiesen ziehen der vereinigte äußere und mittlere Wall über Aigenstuhl – Berger – nördlich Bachmann, nach der Unterbrechung durch das Tal des Plainfelder Baches über Kaspar – Wassenegg (hier in Berührung mit der Endmoräne des Traungletschers), von da westwärts als Mittelmoräne zwischen den Zweigbecken von Kraiwiesen und Guggenthal bis Haring; der innere Wall des Kraiwiesener Beckens spaltet sich in einen Wall Pichl – Holzmeister – westlich Schwandt– – Gastag (mit Fortsetzung als Ufermoräne bis westlich Gottsreit) und einen Wall westlich Kraimooser Bach – Kraimoos – Anzenberg – Ehrenreit.

Das Zweigbecken von Guggenthal wird von einem äußeren Wall, der aus der erwähnten Mittelmoräne Haring – Wassenegg hervorgeht und von hier südwärts über das Gebiet östlich Ladau südlich Reit – Koppl zum Ostende des Nocksteinzuges zieht, und einem inneren Wall Sommeregg – Eck – Oberplainfeld – westlich Ladau – nördlich Koppl umspannt.

Anschließend im Gebiet südlich Koppl – Haberbichl – Ellmau sind die Endmoränen des durch das Wiestal fließenden Gletscharmes zu erkennen.

W ü r m e n d m o r ä n e n d e s T r a u n g l e t s c h e r s : Ein äußerer Wall, der dem Thalgauer und dem Fuschler Zweiggletscher gemeinsam gehört, zieht vom Storecker am Thalgauer Berg über Berger – Kaspar – Wassenegg und von hier südwärts (auf dieser Strecke teilweise in Stirnberührung mit den Endmoränen des Salzachgletschers) weiter über Elsenwang – Hof.

Ein innerer Wall des Thalgauer Zweiggletschers, der am Thalgauberg etwas weiter südlich liegt, zieht nach breiter Unterbrechung über den Anzenberg weiter und biegt dann nach Osten um, wo er als Ufermoräne dem Nordrand der Hochfläche der Egg folgt.

Der entsprechende Wall des Fuschler Gletschers stirnt östlich Hof, mehrere Ufermoränen auf der Hochfläche der Egg schließen sich an.

Was die A l t e r s g l i e d e r u n g d e r W ü r m e n d m o r ä n e n betrifft, so zeigt der innere Wall im Salzachgletscherbereich z. T. die Merkmale eines überfahrenen Walles; auch gehen von ihm keine Niederterrassenschotter hervor. Daraus kann man den Schluß ziehen, daß dieser Wall älter als der äußere und der mittlere ist. Andrerseits können diesem überfahrenen Wall auch Endmoränen der Oelkofener Phase TROLL'S, die dem beginnenden Eisrückzug angehören, superponiert sein (so bei Oberschönberg südöstlich Henndorf) oder in seiner Nähe als eigener Wall in Erscheinung treten.

Im ganzen handelt es sich aber bei allen diesen Wällen um die Ablagerungen kurzfristiger Oszillationen während des Hochglazials.

Die N i e d e r t e r r a s s e ist im Gebiet des Salzachgletschers zweigegliedert; die ältere geht aus dem äußersten, die jüngere aus dem mittleren Wall hervor.

In den Zweigbecken sind zahlreiche D r u m l i n s zu sehen; man findet sie aber auch im Gebirge, so im Raum südlich Saalfelden.

Aus der Zeit des Eiszerfalls stammt ein langgestrecktes O s östlich Henndorf und ein zweites östlich Unzing, ein weiteres nordöstlich Großgmain.

In der Zeit des beginnenden Eisrückzuges bildeten sich große s p ä t g l a z i a l e

S e e n (kenntlich durch Deltaschotter und Seetone) zunächst in den Zweigbecken der Trumerseen (maximale Spiegelhöhe 515 m) und des Wallersees (maximale Spiegelhöhe 550 m, wahrscheinlich in der Umgebung eines Toteiskörpers). Mit dem weiteren Eisrückzug entstand ein das ganze Stammbecken erfüllender spätglazialer See, der aber durch das Oichtental und über Bürmoos – Ibmer Moos bis zu den Würmendmoränen reichte und in 465 m spiegelte; im weiteren Verlauf senkte sich sein Spiegel etappenförmig, bis er schließlich verlandete. Die geschlossenen, tonig-sandigen Ablagerungen dieses Sees reichen im Stammbecken (Bohrung nahe Kugelhof) bis in 224 m Tiefe; trotzdem war er kurzlebig, da während des ganzen Seestadiums eisnahe Bedingungen herrschten (PREY). In einigen Gebieten bildeten sich infolge der Verlandung M o o - r e , z. B. das Bürmoos (mit lakustren Tonen an der Basis), ferner das Moor im Gebiet der Egelseen westlich Schlehdorf u. a. Die pollenanalytische Untersuchung des Egelseemoores (E. LÜRZER) ergab sein Zurückreichen bis ins Spätglazial (Nachweis der Allerödschwankung).

In einem Moor am Walserberg konnte KLAUS (1967) durch pollenanalytische Untersuchung sogar die gesamte Folge vom Ende der Böllingschwankung über die Ältere Dryaszeit (10.400 – 10.000 v. Chr.), die Allerödschwankung und die Jüngere Dryaszeit (8900 – 8300 v. Chr.) bis in die postglaziale Zeit hinein feststellen.

Die R ü c k z u g s s t a d i e n des Würmgletschers: A m m e r s e e s t a d i u m bei Eugendorf (WEINBERGER) und Mariabichl nahe Oberndorf; eine Reihe von Eisständen, die SCHLAGER im Tauglgebiet sowie am Spumberg und Wimberg erkennen konnte; Moränen bei Großgmain.

Die spätglaziale Entwicklung ist nach HEUBERGER, PATZELT und VAN HUSEN – von kleineren Meinungsdifferenzen abgesehen – folgendermaßen zu denken: Die ersten während des Gletscherrückzuges erfolgten kurzen Vorstöße (B ü h l , S t e i n - a c h , etwa um 16.000 v. h.) sind in unserem Raum noch nicht erfaßt; PATZELT vermutet einen jüngeren Bühlhalt des über den Paß Thurn gegen Kitzbühel abfließenden Salzachgletschereises bei Jochberg, weitere Bühlstände in den Hohlwegen und im Paß Lueg, wo ihre Spuren durch die Flußerosion wieder beseitigt worden seien (diese Annahme hat aber nur vorläufige Bedeutung). Besser ist der G s c h n i t z -Vorstoß zu erkennen, der um 13.000 bis 14.000 v. h. datiert wird; damals stießen die Gletscher in den westlichen Tauerntälern noch bis an das Salzachlängstal vor; auch Vorstöße der lokalen Kalkalpengletscher (z. B. vom Tennengebirge gegen Abtenau oder vom Untersberg nach N) dürften mit diesem Stadium zusammenhängen, da die früher für Gschnitz angenommene Schneegrenzdepression von 600 m nach neuerer Ansicht nicht zutrifft (eher um 800 m). Nach einer Wärmeschwankung (B ö l l i n g) folgte ein Gletscherhalt (D a u n , in den Tauerntälern im Bereich der oberen Talböden, ferner auf den Kalkplateaus), der der Ä l t e r e n D r y a s -Zeit um 12.000 v. h. entspricht. Die stark ausgeprägte A l l e r ö d -Wärmeschwankung trennt das Daunstadium vom E g e s e n stadium (Jüngere Dryas mehr als 10.000 v. h., Moränen innerhalb der Daunmoränen). Damit endet das Spätglazial.

In das Spätglazial gehören die beiden ausgeprägten Terrassen des Salzburger Beckens, die besonders nördlich des Untersberges breit entwickelte Friedhofterrasse und die in schmalen Streifen unter ihr folgende Hammerauterrasse (SEEFELDNER 1954, dessen Datierungsversuch für die Friedhofterrasse allerdings von HEUBERGER 1972 widerlegt wurde; vgl. DEL-NEGRO 1978). In der Friedhofterrasse nördlich des Untersberges unterscheidet H. ANGERER in „Mittlere Südtangente" (Magistrat Salzburg 1982) Schwemmfächer der Königsee-Ache, des Rosittenbaches, des Fürstenbrunner Baches und der Saalach.

Im Postglazial (Holozän) kam es nach PATZELT (1973) bei allgemeiner Erwärmung nur mehr zu geringfügigen Klimaschwankungen; eine eigene postglaziale Wärmezeit ist nach seinen Forschungen wenigstens im ostalpinen Bereich nicht anzunehmen, da es immer wieder zu Gletschervorstößen kam, die aber im allgemeinen nicht weiter als bis zum Stand um 1850 reichten. Dessen Höhe erklärt sich aus der Übereinanderschaltung mehrerer Phasen mit dazwischenliegenden Bodenbildungen.

In das Postglazial gehört unter anderem auch die Moor bildung von Leopoldskron über der spätglazialen Friedhofterrasse, von deren Schottern sie teilweise durch eine Lehmschicht getrennt ist; ihr Beginn liegt nach FIRBAS im Übergang Präboreal/Boreal (ewa 9000 v. h.). Auch viele Bergstürze sind postglazial, andere wie der Bergsturz bei Vigaun erfolgten wohl schon im Spätglazial. Die Täler der Salzach, Saalach und ihrer Zuflüsse schnitten sich in die spätglazialen Schotter ein und bildeten die rezenten, z. T. auch noch in sich gegliederten Talböden.

Nachtrag: Nach freundlicher Mitteilung von Herrn Univ.-Prof. Dr. H. SLUPETZKY liegen für von ihm bei Halldorf zwischen St. Johann und Schwarzach aufgefundene Reste von Lignit bzw. Holz folgende Radiokarbondaten vor.

31.600 ± 1.000, 32.000 ± 1.200, $35.470 \begin{smallmatrix} +2.580 \\ -1.950 \end{smallmatrix}$,
$46.300 \begin{smallmatrix} +2.600 \\ -1.900 \end{smallmatrix}$, $55.000 \begin{smallmatrix} +3.900 \\ -2.600 \end{smallmatrix}$ vor heute, was auf mindestens drei Früh-Würm-Interstadiale hinweist.

III. Rohstoffe

1. Kohle, Torf, Bitumina

Die B r a u n k o h l e des Lungauer Miozäns (bei St. Margareten, Wölting, Sauerfeld und Haiding) kommt unter Umständen für einen Abbau in Betracht. Dagegen sind die Kohlenspuren des Wagrainer Tertiärs, in den mergeligen Zwischenlagen des Gosaukonglomerates bei Aigen (Gänsbrunn) sowie der Gosau des Abtenauer Beckens und bei St. Gilgen unbauwürdig. Die Lignitkohle von Trimmelkam (Oberösterreich) aus dem Baden reicht nicht auf Salzburger Gebiet herüber. Die Trimmelkamer Kohle ist aber durch den Bahnanschluß nach Salzburg mit dem Wirtschaftsleben Salzburgs eng verbunden. Bei der Kirche Mülln fand sich 1976 ein kleines Vorkommen von Schieferkohle aus einem Frühwürm-Interstadial (GÜNTHER und TICHY 1979; nach von RAJNER durchgeführten Altersbestimmungen 35.400±4100 v. h.).

Von den T o r f l a g e r n ist das größte das von Bürmoos; auch in dem nach Salzburg hineinreichenden Teil des Ibmer Mooses gibt es Torfgewinnung. An zweiter Stelle steht der Torfabbau im Leopoldskroner Moos südwestlich Salzburgs. Kleinere Torflager befinden sich am Obertrumer See, bei Schleedorf, am Wallersee, bei Ursprung nahe Elixhausen, bei Unzing, am Thalgauerberg, am Fuschlsee, bei Mittersill und bei Mandling. Der Torf ist z. T. spätglazial, z. T. postglazial.

In den Neokommergeln bei St. Leonhard wurden zeitweise Ö l s c h i e f e r untersucht (GÜNTHER und TICHY 1979).

Im Strobler Weißenbachtal konnte PLÖCHINGER E r d ö l in Flyschgesteinen nachweisen.

Bohrungen im Bereich der Salzburger Kalkalpen erbrachten bisher keine Erdölvorkommen.

2. Erze

Wenn vom Magnesit (s. unter „Technische Mineralien") abgesehen wird, sind die K u p f e r k i e s g ä n g e des Gebietes von M ü h l b a c h wirtschaftlich am bedeutendsten. Sie liegen im Paläozoikum der Grauwackenzone; am wichtigsten ist der 2 m mächtige Mitterberger Hauptgang, an den sich weiter südlich mehrere Nebengänge anschließen. Die Gänge streichen West–Ost und fallen steil. Sie wurden schon in der Bronzezeit durch mehrere Jahrhunderte hindurch abgebaut, dann wieder seit 1829. BERNHARD (1966) unterscheidet drei Vererzungsgenerationen, von denen die zweite die Hauptmasse des Kupferkieses förderte; die beiden ersten sind hydrothermale Vererzungen, sie folgen dem Hauptgang und dürften permisch oder vorpermisch sein. Die dritte Vererzungsgeneration stellt ein durch die alpidische Tektonik bedingtes Mobilisat der beiden älteren dar, das in N–S-streichenden Quergängen sowie in druckarmen Bereichen des Hauptganges zum Absatz kam.

WEBER et al. fanden im Mitterberger Südrevier Vererzungen in der sedimentären Schichtung altpaläozoischer Phyllite und Quarzite, während im Hauptgang die Vererzung die graue (altpaläozoische) und violette (jungpaläozoische) Schichtung durchschlägt und nach Meinung der Autoren durch Regeneration der älteren schichtgebundenen Vererzung entstand. Nach radiometrischen Bestimmungen dürfte der Hauptgang in der Oberkreide entstanden sein (HOLZER). Der Betrieb des Mühlbacher Bergbaues wurde 1977 eingestellt. Außer dem Mühlbacher Bergbau war auch ein kleinerer am Buchberg südöstlich Bischofshofen in Betrieb.

Andere Kupfervorkommen, wie im Großarltal oder im Seekar, sind nicht mehr abbauwürdig.

Von den E i s e n e r z vorkommen wurde bis 1960 der Brauneisenstein von S c h ä f e r ö t z südlich des Imlautales bei Werfen abgebaut. Ein metasomatisch gebildeter Siderit an der Basis der Gutensteiner Schichten wurde nachträglich in Brauneisenstein umgewandelt. Das in gleicher Situation befindliche Vorkommen am Flachenberg ist erschöpft.

Andere Eisenerzvorkommen, wie im Lammertal, bei Dienten, Wagrain, Filzmoos, Flachau und im Lungau, sind nicht abbauwürdig.

Das gleiche gilt von den in Klüften, die nach der alpidischen Orogenese aufrissen, durch Ausscheidung aus zirkulierenden Lösungen gebildeten G o l d - S i l b e r - G ä n g e n d e r H o h e n T a u e r n , die mit NNE-Streichen und steilem Fallen im Brennkogelgebiet, am Sonnblick und bei Kolm-Saigurn, im Naßfeld, im Siglitzrevier und am Radhausberg auftreten. Sie sind im Zentralgneis etwa 1 m mächtig, ihre Gangfüllung besteht aus Quarz, Schwefelkies, Arsenkies, Bleiglanz, Kupferkies, Zinkblende, Silber und Gold in feinster Verteilung. Beim Eintritt in die Schieferhülle ändert sich der Mineralbestand. Der Abbau war schon in römischer Zeit, dann im 14. Jh. und in der beginnenden Neuzeit bedeutungsvoll; er wurde im 19. Jh. und kurzzeitig auch im 20. Jh. wiederaufgenommen. Eine Rentabilität ist nirgends mehr gegeben.

Ebensowenig ist dies beim Gold-Silber-Vorkommen von Schellgaden (Lungau) der Fall. Neuerdings wurde Gold auch in Mitterberg festgestellt (PAAR).

Auch die Gewinnung von Seifengold aus der Salzach – besonders bei St. Johann i. P. – ist nicht ertragreich genug.

S c h w e f e l k i e s kommt in der Grauwackenzone und in den Hohen Tauern vor. Bis 1952 erfolgte ein Abbau am Schwarzenbach (Dientener Alpen); er wurde wegen Erschöpfung des Erzkörpers eingestellt. Weitere Vorkommen bei Mühlbach im Pinzgau, bei Rettenbach westlich und im Felbertal südlich Mittersill, nördlich Piesendorf, am Bruckberg südwestlich Zell am See und im Großarltal sind nicht mehr abbauwürdig.

Für diese Vorkommen wurde submarine Entstehung in der variszischen Geosynklinale angenommen (HOLZER).

M a n g a n (vergl. GÜNTHER und TICHY 1979) ist in großer Menge in den Strubbergschiefern am Nordfuß des Tennengebirges vorrätig, gilt aber nicht als abbauwürdig. Weitere Manganvorkommen wurden in den Liasschiefern im Grünbach bei St. Leonhard und im Saalachgebiet östlich oberhalb Weißbach untersucht.

Zu erwähnen sind weiters die Vorkommen von silberhaltigem B l e i g l a n z bei Ramingstein im Lungau, Z i n k b l e n d e bei der Achselalpe westlich des Hollersbachtales, B l e i g l a n z und Z i n k b l e n d e bei Thumersbach und Unken, K o b a l t und N i c k e l westlich Leogang, A r s e n k i e s bei Rotgülden im oberen Murgebiet (Gang in der Schieferhülle), B a u x i t an der Basis der Gosauschichten am Nordfuß des Untersberges (nicht mehr abbauwürdig), GÜNTHER und TICHY 1978; die Autoren datieren die Bauxitentstehung in das Santon (Basis des Untersbergmarmors).

Große Bedeutung hat der S c h e e l i t abbau im Felbertal für Wolframgewinnung.

Die Vererzung ist an altpaläozoische Gesteine der Schieferhülle gebunden und wird als synsedimentäre schichtgebundene Bildung im Zusammenhang mit altpaläozoischem basischen Vulkanismus gedeutet (HÖLL 1975).

U r a n e r z e sind in der violetten Serie von Mitterberg (PAAR), bei Tweng und im Forstautal festgestellt. In letzterem sind Aufschlußarbeiten im Gange. Sie sind hier an wahrscheinlich permische Serizitschiefer und -quarzite gebunden (HOLZER).

Entgegen der früher herrschenden Tendenz, die gesamte Vererzung der Ostalpen mit der alpidischen Tektonik in Zusammenhang zu bringen, hat sich heute die Meinung durchgesetzt, daß ein großer Teil der Vererzung besonders in der Grauwackenzone paläozoisch ist (vgl. TUFAR 1981).

3. Steinsalz

Auf dem D ü r r n b e r g bei Hallein wird aus dem Haselgebirge der Hallstätter Region möglicherweise schon seit der jüngeren Steinzeit, mit Sicherheit seit der Hallstattzeit Salz gewonnen. Infolge der starken Verknetung mit Ton, Gips, Anhydrit wird das Salz im Solebetrieb gewonnen.

4. Technische Mineralien

In geologisch ähnlichen Vorkommen wie das Steinsalz findet sich an mehreren Stellen G i p s . Das wichtigste Lager ist das von G r u b a c h bei Kuchl; es gehört einer an Brüchen eingeklemmten Deckscholle des Tiefjuvavikums an. Kleinere Vorkommen sind die von Unterscheffau und Rigaus (bei Abtenau).

M a g n e s i t findet sich vor allem in der Grauwackenzone, wo er metasomatisch aus paläozoischen Kalken und Dolomiten gebildet wurde (die Metasomatose wird von TUFAR bestritten); die Erzlinsen erstrecken sich von der Gegend westlich Leogang über Saalfelden – Alm – Dienten – Goldegg bis in die Gegend von Schwarzach. Abgebaut wurde das Vorkommen auf der I n s c h l a g a l p e im Schwarzleotal bei Leogang (wurde 1970 eingestellt) und ein Lager bei Goldegg.

T a l k s c h i e f e r und A s b e s t kommen im Felbertal südlich Mittersill, bei Dorf Fusch und im Gasteiner Tal (nahe dem Bahnhof Hofgastein), K a l z i t im Stegbachgraben (Großarltal, Klammkalke), F l u ß s p a t an der Achselalpe westlich des Hollersbachtales vor.

5. Edelsteine

B e r y l l und S m a r a g d kommen an der Ostseite des Habachtales in etwa 2200 m Höhe vor und wurden von 1896 bis 1906 bergmännisch abgebaut (später nur mehr kurzfristig).

6. Steine und Erden (nach KIESLINGER, 1964)

a) E r s t a r r u n g s g e s t e i n e und deren Umprägungen:

Z e n t r a l g n e i s wurde in verschiedenen Tauerntälern abgebaut, ebenso Gneis des T w e n g e r Kristallins, der P e r i d o t i t - P y r o x e n i t des Stubachtales, S e r p e n t i n in den Tauern; T a l k s c h i e f e r (s. o.). D i a b a s wird vor allem westlich Saalfelden gewonnen. Verschiedene G r ü n s c h i e f e r wurden in den Tauerntälern verwertet, ebenso Amphibolit.

b) K l a s t i s c h e S e d i m e n t e und deren Umprägungen:

M i o z ä n e T o n e wurden im Lungau bis in die jüngste Zeit zur Ziegelerzeugung verwendet; eiszeitliche B ä n d e r t o n e werden bei Hüttau abgebaut (für Ziegel- und Schamotteerzeugung), ferner an verschiedenen Stellen des Salzburger Beckens, besonders in Weitwörth und Bürmoos. P h y l l i t i s c h e Gesteine wurden besonders bei St. Johann und Bischofshofen abgebaut, P a r a g n e i s bei Tamsweg.

In einer Studie über Plattenquarzit und Plattengneis (Arkosegneis) als brauchbare Dekorgesteine im Lande Salzburg von BECHTOLD et al. 1982 wird (neben den im Abbau befindlichen Arkosegneisen im Rauristal) ein Arkosegneisvorkommen am Nordosthang des Zickenberges im Zederhaustal und ein Quarzit am Ausgang des Lantschfeldtales als besonders geeignet empfohlen.

E o z ä n e r Q u a r z s a n d wird bei St. Pankraz (nahe Weitwörth) gewonnen, S a n d s t e i n der Roßfeldschichten bei Kuchl, wogegen die großen Brüche im Flyschsandstein bei Muntigl und Bergheim aufgelassen sind, ebenso die Steinbrüche im eozänen Sandstein von Mattsee; nur bei St. Pankraz ging der Abbau noch weiter. Q u a r z i t s c h i e f e r werden in einem Bergsturzgebiet südlich Bucheben (Rauris) gewonnen; das wichtigste Quarzitvorkommen der Tauernschieferhülle ist der Zederhauser Quarzit, dazu kommt Abbau am Nordende des Tappenkarsees und bei Tweng (Lantschfeldquarzit).

S c h o t t e r wird an vielen Stellen aus Fluß- und Bachbetten, aus Schwemmkegeln, Schutt- und Bergsturzhalden, aus Moränen, fluvioglazialen Terrassen und Alluvionen gewonnen. G o s a u k o n g l o m e r a t wird südlich von Glasenbach abgebaut. Verwendungsmäßig viel wichtiger sind die i n t e r g l a z i a l e n K o n g l o m e r a t e, von denen die Salzburger Nagelfluh des Mönchs- und Rainberges für zahlreiche Bauten der Stadt herangezogen wurde (jetzt ist aber auch der Betrieb am Rainberg zur Schonung der prähistorischen Fundschichten eingestellt). Auch das Steinerne Theater auf dem Hellbrunner Hügel ist ein alter Steinbruch in dieser Nagelfluh. In der jüngeren Gollinger Nagelfluh wurde der Steinbruch bei Klemmstein (Torren) vor allem für Zwecke des Autobahnbaues angelegt.

c) C h e m i s c h e u n d o r g a n i s c h e S e d i m e n t e und deren Umprägungen:

Von den Kalken wurden verwertet: Gutensteiner Kalk, Wettersteinkalk (Bruch bei Burgau), Hallstätter Kalk (Bruch an der Pailwand östlich Abtenau, Bruch bei den Lammeröfen, Brüche im Dürrnberggebiet); sehr bedeutend ist der Abbau von D a c h - s t e i n k a l k südlich Golling, wozu noch Steinbrüche im Reiteralmkalk bei Grödig und Glanegg, Kalksteingewinnung aus Dachsteinkalkblöcken bei Unken und der Abbau im Dachsteinkalk des Mandlingzuges kommen.

Ganz besondere Bedeutung haben die „A d n e t e r M a r m o r e", z. T. Rhätkalke, hauptsächlich aber vorwiegend rote oder rotbunte, ammonitenreiche Liaskalke, die besonders schon in der Gotik und im Barock in weiten Teilen Europas verarbeitet wurden, aber auch heute noch sehr reichliche Verwendung finden; außer den Brüchen bei Adnet selbst sind noch solche im Wiestal, bei St. Jakob am Thurn, am Breitenberg südlich des Wolfgangsees (nicht in Betrieb) und in Hallstein nördlich Lofer zu erwähnen. Plassenkalk wurde bei St. Gilgen und am Nordwestfuß des Untersberges abgebaut. Von großer Wichtigkeit ist die Gewinnung von Platten aus O b e r a l m e r K a l k (Haslach, Puch, Oberalm, Kuchl).

Der bekannteste Baustein neben dem Adneter Marmor ist der „U n t e r s b e r g e r M a r m o r", eine meist lichtrötliche bis lichtgelbe, konglomeratisch-brecciöse Ausbildung der Gosaukreide am Nordfuß des Untersberges, die sich schleifen läßt, seit keltischer und römischer Zeit in Verwendung, in zahlreiche europäische Länder ausgeführt. K a l k t u f f wird vor allem im Moränengebiet von Plainfeld abgebaut.

H a l b k r i s t a l l i n e M a r m o r e wurden an mehreren Stellen der Grauwakkenzone abgebaut; dazu kommt der Klammkalk (Bruch von Klammstein), Radstädter Marmor (in der Nähe des Radstädter Tauernpasses seit römischer Zeit gewonnen), der Kalk von Wenns-Veitlehen, halbkristalline Marmore in verschiedenen Tauerntälern.

Von den v o l l k r i s t a l l i n e n M a r m o r e n wurde der Ramingsteiner Marmor bis vor kurzem abgebaut; daneben hat noch der Angertalmarmor bei Gastein Bedeutung.

Von den M e r g e l n sind vor allem die N e o k o m m e r g e l von G a r t e n a u , die der Zementgewinnung dienen, von größter Wichtigkeit für die Bauwirtschaft. An die Stelle des Bergbaues ist hier ein großangelegter Tagbaubetrieb getreten, der auch Oberalmer Kalk einbezieht.

D o l o m i t wird u. a. bei Uttendorf im Pinzgau (paläozoischer Dolomit), bei Wald (Krimmler Triasdolomit), bei Mauterndorf und St. Michael (Radstädter Dolomit), am Südufer des Mondsees, am Gitzen bei Plainfeld und im Wiestal (Hauptdolomit) abgebaut. R a u h w a c k e wurde bei Saalfelden, bei Hüttau, in den Radstädter Tauern und bei Lend gebrochen.

IV. Hydrogeologie

Die einzelnen Gebirgszonen sind nach GATTINGER (1980) in hydrogeologischer Hinsicht folgendermaßen zu charakterisieren: die Flyschzone ist ein Grundwassermangelgebiet mit lokaler Grundwasserbildung in durch Verwitterung und Klüftung bedingten Auflockerungszonen; die Nördlichen Kalkalpen bieten sehr ergiebige Vorkommen einerseits in den an Kluftsysteme gebundenen Karsthohlräumen, andererseits im Bereich von Stauschichten (Werfener Schichten, karnische Schiefer und Sandsteine, Liasfleckenmergel); gute Vorkommen gibt es auch in den paläozoischen Kalken und Dolomiten der Grauwackenzone, wogegen die paläozoischen Schiefer und Phyllite dieser Zone, der Innsbrucker Quarzphyllit und die meisten Gesteine der Zentralalpen (paläozoische Schiefer und Phyllite, Glimmerschiefer, Gneise) nur eingeschränkte Grundwasserbildung in Verwitterungs-, Kluft- und Störungszonen sowie Schieferungsfugen aufweisen (dasselbe gilt wohl auch von den mesozoischen Schiefern der Hohen Tauern). Die quartären Schotterfüllungen der Täler bergen hingegen z. T. sehr ergiebige Vorkommen.

Dies gilt in unserem Falle vor allem vom S a l z b u r g e r   B e c k e n , dessen Hydrogeologie BRANDECKER 1974 zusammenfassend bearbeitet hat. Er stellt fest, daß die spätglazialen Seetone unter den Schottern der Salzburger Ebene als Wasserstauer fungieren, was für den Grundwasserkörper von wesentlicher Bedeutung ist. Die Oberfläche der Seetone sinkt von Kuchl an nach Süden ab, an ihrer Stelle bilden dort schotterige Deltaschüttungen die Füllung des südlichsten Beckens, im Raum von Golling und südlich davon trafen 50 m tiefe Bohrungen keine feinsandig-tonigen Sedimente mehr an. Auch nördlich des Tauglwaldes bei Vigaun trafen Bohrungen nur Schotter an, deren rasch wechselnde Zusammensetzung auf Verzahnung von Aufschüttungen der Salzach und der Taugl zurückgehen dürfte. Auch zwischen St. Leonhard und Grödig haben 70 m tiefe Bohrungen keine Seetone erreicht; diese wurden durch die Schmelzwässer des sich zurückziehenden Berchtesgadener Gletschers erodiert, die Erosionsrinne danach durch Sand und Schotter ausgefüllt, die als Wasserspeicher dienen und daher zur Trinkwasserversorgung der Stadt Salzburg herangezogen werden konnten. Ähnlich liegt der Fall bei Glanegg, wo die Karstwässer der Fürstenbrunner Quelle und des Rosittenbaches die Sedimentation der Seetone verhinderten und zur Ablagerung von Sand und Kies führten, die als Wasserspeicher die Anlage des für die Stadt Salzburg wichtigen Pumpwerkes Glanegg ermöglichten. Das Pumpwerk Bischofswald bei Siezenheim wird durch einen von der Saalach abgelagerten Schotterkörper gespeist. Die Versorgung von Hallein erfolgt durch das auf der Schotterterrasse von Gamp angelegte Brunnenfeld. Als besonders zukunftsreich bezeichnete Brandecker schon damals die Trinkwassergewinnung im mächtigen Schotterkörper im Raum südlich Golling mit seinen Zuflüssen aus den Karstwässern des Tennen- und Hagengebirges.

Im Raum V i g a u n wurde 1976 von der ÖMV eine Bohrung abgeteuft, über die KRAMER und KRÖLL 1979 berichteten. Sie durchörterte 338 m quartäre Beckenfüllung: 2 m Konglomerat (wohl vom Adneter Riedel abgerutscht), 18 m Flußschotter, 18 m Seetone, 40 m „Moräne"; 24 m Seetone, 10 m „Moräne", 48 m Seetone, 20 m „Moränenschotter", 57 m Seetone, 101 m Moräne. Die Ergebnisse stehen im Gegensatz zu den Angaben BRANDECKERS über den Raum nahe westlich Vigaun. Was die angeblichen Moränen betrifft, so äußerte VAN HUSEN 1982 in einer Diskussionsbemerkung, daß nur im Liegenden Moräne, u. zw. Würm-Grundmoräne, anzunehmen sei, wogegen die übrigen drei als Moräne bzw. Moränenschotter bezeichneten Bildungen Deltaschüttungen innerhalb der Nach-Würm-Füllung seien.

Über neue Bohrungen im Raum südlich Golling mit unterem Lammer- und Bluntautal berichten BRANDECKER und MAURIN 1982. Im Zwickel zwischen der untersten Lammer und der Salzach wurde zwischen Dachsteinkalk im Süden und Liaskalk im Norden eine Übertiefung des Tales bis 161 m unter die Oberfläche festgestellt, deren Füllung über geringmächtiger Grundmoräne aus Schottern und Sanden besteht und als ergiebiges und hochwertiges Grundwasservorkommen gewertet wird. Ein weiteres Grundwasserhoffnungsgebiet befindet sich am Ausgang des Lammertales, wo die Bohrung bei 54 m den Untergrund (Haselgebirge) unter der Schotterfüllung erreichte, ferner die Fläche unterhalb Oberscheffau, wo die Sand-, Kies- und Schotterfüllung über Werfener Schiefern und Haselgebirge ungleiche Mächtigkeit aufweist – eine Bohrung erreichte bei 94 m noch nicht den Grund – und günstige Voraussetzungen für Grundwassergewinnung bietet, endlich die Bluntau, wo hinter einem aus Werfener Schiefern und Haselgebirge bestehenden Riegel am Talausgang ebenfalls mächtige Talfüllungen bis 120 m Tiefe ein Trinkwasserhoffnungsgebiet darstellen.

Für die Wasserversorgung der Stadt Salzburg kommen außer den Grundwasservorkommen Quellen im Gaisberg- und Untersberggebiet, in Zukunft aber auch im Tennengebirge in Betracht. Am G a i s b e r g gibt es gefaßte Quellen am Nord- und Südhang des Kühberges, einerseits im Zusammenhang mit der Überschiebung der Kalkalpen über den Flysch bzw. am Rand der diese Überschiebungen verhüllenden Moränen, andererseits am Rande der Moränen des Gersbachbereiches.

Am Nordfuß des Untersberges kommt der F ü r s t e n b r u n n e r Q u e l l e große Bedeutung zu. Sie ist eine typische Karstquelle. Ihr Einzugsgebiet umfaßt nach SEEFELDNER den Großteil des Untersbergplateaus. Das Wasser sickert, ohne die inaktiv gewordenen Höhlensysteme zu benützen, durch mehr oder weniger vertikale Schächte bis auf den Raibler Horizont und folgt seinem ungefähr nordgerichteten Fallen (ABEL), wobei nach SCHLAGER große Kluftsysteme, die gegen die Brunntalstörung konvergieren, als Hauptsammellinien fungieren. Der Austritt der Quelle erfolgt aber dann hoch über dem Raibler Niveau, etwa 150 m über dem Bergfuß an der Grenze zwischen Dachsteinkalk und stauender Oberkreide.

Ganz ähnlich liegen die Verhältnisse am Fuß des T e n n e n g e b i r g e s, wo die Quellen bis zu 200 m über dem Bergfuß liegen. Dazu gehört die periodisch (zur Zeit der Schneeschmelze und nach starken Regenfällen) aktive Quelle des Winnerfalles unweit Oberscheffau und die Quellen des Tricklfalles und des Dachser Falles bei Abtenau. Ein Teil des Karstwassers wird gegen den Paß Lueg geleitet (Petrefaktenhöhle, Brunneckerhöhle). Eine sehr eingehende hydrogeologische Bearbeitung des Tennengebirges lieferte TOUSSAINT 1971. Er betonte die starke Bindung des Karstwasserabflusses – der auch hier den Großteil des Plateaus bis an den Südrand erfaßt – an Klüfte und Störungen im Dachsteinkalk, wodurch die Sammlung der Gewässer einerseits zum Paß Lueg, andererseits zum Winnerfall und zu den Abtenauer Quellen zustandekommt sowie die stauende Wirkung der Strubbergschichten, z. T. auch der Werfener Schichten am Nordrand des Gebirges und weist auf großzügige Erschließungsmöglichkeiten wegen ausreichender Wassermengen und guter Wasserqualität hin. BRANDECKER und MAURIN (1982) bekräftigen dies. Sie berichten über die 1969 und 1977 durchgeführten Markierungsversuche, die ergaben, daß für den ganzen zentralen und östlichen Teil des Plateaus das präquartär angelegte Abflußsystem noch auf das etwa 200 m über dem Lammertal liegende Vorflutniveau ausgerichtet ist und deshalb in den hochgelegenen Quellen zutage tritt; dazu kommt die schon von Toussaint erwähnte Stauwirkung der Strubberg- und Werfener Schichten am Nord- und Nordostrand des Gebirges. Doch liegt die Verkarstungsgrenze unter dem alten Vorflutniveau, sodaß ein darunter reichender Karstwasserkörper vorhanden ist; es werden deshalb Stollenfassungen zu dessen Gewinnung vorgeschlagen. Aus dem H a g e n g e b i r g e , das Quellen am Nordrand (Wasserhöhle der Schwarzen Torren, Torrener Fall) und an der Ostseite (Brunnloch nördlich Sulzau, 170 m über dem Talboden) aufweist, fließt Karstwasser in Richtung Bluntau, wo unterirdische Zuflüsse in den Schotterkörper dessen Grundwasser erneuern. Durch eine Störung bedingt fließt ein Teil des Hagengebirgskarstwassers in die Senke nördlich des Ofenauerberges ab.

Auch sonst sind die Kalkalpen reich an Karstquellen. Eine der bekanntesten aktiven Quellhöhlen ist die des Gollinger Wasserfalles, etwa 100 m über dem Talboden. Reich an z. T. ständig, z. T. periodisch aktiven Karstquellen sind auch die Oberalmer Kalke des Tauglgebietes, wo sie im Schlenkengebiet bis über 200 m über dem Bach, im Trattberggebiet dagegen in 1000 bis 1100 m über dem Meer (Hundsgföll-Loch, Wirtskesselhöhle) auftreten; der Unterschied geht auf verschieden weites Herunterreichen der Oberalmer Kalke zurück (SCHLAGER).

Im Saalachgebiet ist vor allem die aktive Wasserhöhle des nahe der Straße bei Oberweißenbach gelegenen Lamprechtsofens zu erwähnen. Viel zahlreicher als die aktiven Wasserhöhlen sind die i n a k t i v gewordenen höher gelegenen Höhlen (außer im Bereich der Nördlichen Kalkalpen auch in dem der Klammkalke und der Radstädter Tauern). Die meisten von ihnen hängen mit jungtertiärem Talniveaus zusammen (so auch TOUSSAINT in seiner Tennengebirgsarbeit 1971). Viele liegen in Höhen von 1500 bis 1700 m. Im Tennengebirge ist der Zusammenhang mit einem Talniveau besonders deutlich in der Eisriesenwelt (Höhlenportal etwas über 1650 m), die mit dem Niveau des nahe gelegenen Achselkopfes zusammengehört und nach ABEL seinerzeit die unterirdische Entwässerung des Pitschenbergtales gegen das damalige Salzachtal vermittelte. Auch die ebenfalls gewaltige Tantalhöhle im Hagengebirge (Eingang 1710 m) gehört in das gleiche Niveau. Es gibt aber auch viele höher gelegene Höhlen, die mit noch älteren Entwässerungssystemen in Zusammenhang stehen, wie die Eiskogelhöhle im Tennengebirge (1970 bis 2110 m) oder die nahe unter dem 2334 m gelegenen Gipfel des Schübbühels im Tennengebirge. Sie deuten auf den Übergang von der nach Ausweis der Augensteine ursprünglich oberirdischen zur unterirdischen Entwässerung im Gebiet der gegenüber ihrem südlichen Vorland stärker herausgehobenen Kalkalpen hin.

Mineral- und Heilquellen

R a d i o a k t i v die 18 Akratothermen von Badgastein, aus Klüften im Granitgneis fließend, Temperatur zwischen 28 und 49,4 Grad Celsius. Kalte radioaktive Quellen in Böckstein.

Kochsalzquellen: Halleiner Sole; Glaubersalzquelle im Hauptdolomit des Wiestales (stärkste Sulfatquelle Österreichs), ähnliche Quelle bei Oberalm; auch im Plattenkalk und Hauptdolomit, die in der Bohrung Vigaun (KRAMER und KRÖLL 1979) durchörtert wurden, wurde eine Glaubersalzquelle erschlossen (Natriumchlorid-Sulfat), dazu kommt eine sulfatische Salzquelle in Bad Abtenau aus permoskythischen Gesteinen.

Eisen- und Schwefelquelle Burgwies (Oberpinzgau, in Wildschönauer Schiefern) und eine Eisenquelle in Bad Leogang (aus Buntsandstein).

Erdige Quellen: 9 Quellen mit kohlensaurem Magnesia in Bad Fusch (Kalkglimmerschiefer), eine Quelle mit schwefelsaurem Kalk und schwefelsaurer Magnesia in Kelchbrunn bei Mauterndorf (Glimmerschiefer).

V. Geologische Aussichtspunkte

1. Kaiserbuche auf dem Haunsberg, mit Anstieg von Weitwörth über St. Pankraz (Eozän der helvetischen Zone); Überblick über Molasse, Helvetikum, Flysch und Drumlinlandschaft.

2. Tannberg; Überblick über die Endmoränenlandschaft am Wallersee und über die Flyschzone; vom Hallerbauern (hier hochgelegene Altmoräne) Abstieg nach Norden, Flyschprofil vom Reiselsberger Sandstein bis ins Neokom, Schuppenbau, eingeschaltet Fenster von Leistmergeln.

3. Rücken nordöstlich Straßwalchen; nach Norden Blick auf Mindel-Endmoräne und Kobernausser Wald (jungtertiäre Quarzschotter), Standpunkt auf dem äußeren Rißwall, nach Süden Überblick über Riß- und Würmendmoränen des Irrseegletschers, Flyschzone und Stirn der Kalkalpen.

4. Gaisberg, mit Anstieg von Gnigl über das Bergrutschgebiet von Kohlhub (Überschiebung) und über Gersberg; Überblick über Flyschzone, Kalkalpen, Salzburger Becken. Abstieg über Schwaitl und durch die Glasenbachklamm (Juraprofil, Gosaukonglomerat).

5. Raspenhöhe bei Dürrnberg (von der Bergstation der Gondelbahn aus leicht zu erreichen); Hallstätter Region des Dürrnberges und tirolischer Ostrahmen, Ostabfall des Untersberges, Salzburger Becken, südwestliche Osterhorngruppe.

6. Roßfeld—Ahornbüchse, mit Hallstätter Deckschollen auf neokomen Roßfeldschichten; Kontakt Oberjura—Trias am Göll (die Transgression im Wilden Freithof vom Eckersattel aus etwas mühsam erreichbar), Ausblick auf Lammermasse, Osterhorngruppe, Salzburger Becken, Ostabfälle des Untersberges.

7. Hochgründeck, mit Anstieg von Bischofshofen oder (bequemer) St. Johann im Pongau; Kalkhochalpen, Werfener Schuppenland, Grauwackenzone, Radstädter Tauern, Klammkalke, Hohe Tauern.

8. Roßbrand. Anstieg von Radstadt aus; östliches Werfener Schuppenland, Rettenstein, Dachsteingruppe, Tennengebirge, östliche Grauwackenzone, Radstädter Tauern.

9. Schmittenhöhe; Kalkhochalpen, Grauwackenzone, Hohe Tauern.

10. Wildkogel, Anstieg von Neukirchen im Oberpinzgau; Kalkalpen, Grauwackenzone, Venedigergruppe, Krimmler Trias.

11. Stubnerkogel—Zitterauer Tisch (geol. Panorama von CH. EXNER, 1957); Granitgneis und Schieferhülle, Auflagerung einer Triaserie auf Granitgneis, darüber dunkler Phyllit, Kalkglimmerschiefer und Grünschiefer.

12. Edelweiß-Spitze an der Glocknerstraße (geol. Panorama von G. FRASL und W. FRANK, 1969); besonders Überblick über Wustkogelserie, Seidlwinkltrias, Bündner Schiefer.

13. Speiereck bei Mauterndorf; Radstädter Tauern, Schladminger Tauern, Granatglimmerschiefer, Katschbergzone, Tauernschieferhülle.

Literatur

(Auswahl)

1. Geologische Karten

Geologische Übersichtskarte der Republik Österreich mit tektonischer Gliederung 1:1,000.000 (P. BECK-MANNAGETTA u. E. BRAUMÜLLER), Wien: Geol. B.-A., 1964, mit Erl. (P. BECK-MANNAGETTA, R. GRILL, H. HOLZER u. S. PREY. Mit Beitrag von CH. EXNER), Wien: Geol. B.-A., 1966.

Bundesland Salzburg, Geologische Übersichtskarte 1:200.000. Mit Benützung der Geologischen Karte der Republik Österreich 1:500.000 von H. VETTERS (1933) und zahlreicher veröffentlichten und unveröffentlichten Detailarbeiten von K. BISTRITSCHAN. – Salzburg: Salzburger Heimatatlaswerk 1952.

Geologische Karten *1:75.000* (alle Wien: Geol. B.-A.) (außer den veralteten Blättern Salzburg; Hallein-Berchtesgaden und Ischl-Hallstatt).

Mattighofen (G. GÖTZINGER) 1928.

Gmunden-Schafberg (G. GEYER U. O. ABEL) mit Erl. 1922.

Lofer-Sankt Johann (O. AMPFERER) 1927.

Kitzbühel-Zell a. See (Th. OHNESORGE u. F. KERNER-MARILAUN) 1935.

Geologische Karten *1:50.000.*

Salzburg (G. GÖTZINGER) Wien: Geol. B.-A., 1955.

Umgebung von Gastein (CH. EXNER) Wien: Geol. B.-A., 1956, mit Erl. und geol. Panorama. Wien: Geol. B.-A., 1957.

Hochalm-Ankogel-Gebiet (F. ANGEL u. R. STABER) mit Erl. – Wiss. Alpenvereinshefte, 13. Innsbruck: Wagner 1952.

Sonnblickgruppe (CH. EXNER) Wien: Geol. B.-A., 1962, mit Erl. Wien: Geol. B.-A., 1964.

Umgebung der Stadt Salzburg (zusammengestellt von S. PREY) Wien: Geol. B.-A., 1969.

Mit Erl. W. DEL-NEGRO Wien, Geol. B.-A., 1979, und S. PREY (für den Nordteil), Verh. Geol. B.-A., 1980, 281–315.

Geologische Karte des Roßfeldgebietes, des Hohen Göll und des Hagengebirges, 1979, (Red. G. TICHY).

Geologische Karte des südwestlichen Innviertels und des nördlichen Flachgaues. P. BAUMGARTNER und G. TICHY, Linz 1981.

Blatt St. Wolfgang (B. PLÖCHINGER et al.) mit Erl. Geol. B.-A., Wien 1982.

Geologische Karten *1:25.000.*

Großglocknergebiet (H. P. CORNELIUS u. E. CLAR) mit Erl. Wien: Geol. B.-A., 1935, und Abh. d. Reichsst. f. Bodenforsch., Zweigstelle Wien, *25, 1,* Wien: RfB., 1939.

Gebirge um den Königsee in Bayern (C. LEBLING u. a.) München, 1935.

Dachsteingruppe (E. SPENGLER u. a.) mit Erl. – Wiss. Alpenvereinshefte, *15,* Innsbruck: Wagner, 1954.

Wolfgangseegebiet (B. PLÖCHINGER), Wien Geol. B.-A., Wien 1972 mit Erl. 1973.

Geologische Karte *1:10.000.*

Adnet und Umgebung (M. SCHLAGER) Wien: Geol. B.-A., 1960.

2. Allgemeine Darstellungen

ANGENHEISTER, G., ET AL.: Recent investigations of superficial and deeper crustal structures of the Eastern and Southern Alps, Geol. Rdsch. 61, Stuttgart 1972, 349–395.

ANGENHEISTER, G., BÖGEL, H., u. MORTEANI, G.: Die Ostalpen im Bereich einer Geotraverse vom Chiemsee bis Vicenza, N. Jb. Geol. Paläont. Abh. 148/1, Stuttgart 1975, 50–137.

BECK-MANNAGETTA, P., u. PREY, S.: Austrian Eastern Alps in: Tectonics of the Carpathian Balkan Regions, Bratislava 1974, 53–90.

BÖGEL, H., u. SCHMIDT, K.: Kleine Geologie der Ostalpen, Thun 1976.

CLAR, E.: Zum Bewegungsbild des Gebirgsbaues der Ostalpen. (Mit 2 Abb. und 4 Taf.) – Verh. Geol. B.-A., Sonderheft *G,* S. 11–35, Wien 1965.

CLAR, E.: Review of the Structure of the Eastern Alps in: Gravity and Tectonics, New York 1973, 253–270.

CORNELIUS, H. P.: Zur Auffassung der Ostalpen im Sinne der Deckenlehre. (Mit 1 Prof., Taf.) – Zeitschr. d. Deutschen Geol. Ges. *92,* S. 271–310, Berlin 1940.

DEL-NEGRO, W.: Geologie von Salzburg. (Mit 16 Abb.) 348 S. – Innsbruck: Wagner 1950.

DEL-NEGRO, W.: Geologische Forschung in Salzburg 1949–1956 (Vortrag). – Mitt. Geol. Ges. in Wien, *49, 1956,* S. 107–128, Wien 1958.

DEL-NEGRO, W.: Neue Vorstellungen über den Bau der Ostalpen. (Mit 1 Abb.) – Jahrb. Geol. B.-A., *105,* S. 1–18, Wien 1962.

DEL-NEGRO, W.: Historischer Überblick über die geologische Erforschung Salzburgs. – Veröff. Haus der Natur, *15,* S. 5–13, Salzburg 1964.

DEL-NEGRO, W.: Stand und Probleme der geologischen Erforschung Salzburgs. – Tratz-Festschrift, S. 7–23, Salzburg 1964.

DEL-NEGRO, W.: Einführung in die Geologie. In: E. STÜBER: Salzburger Naturführer, S. 15–32, Salzburg 1967.

DEL-NEGRO, W.: Salzburg, Bundesländerserie der Geol. B.-A., 2. Aufl., Wien 1970.

DEL-NEGRO, W.: Abriß der Geologie von Österreich, Wien, Geol. Bundesanst. 1977.

DIETRICH, V. J., u. FRANZ, U.: Alpidische Gebirgsbildung in den Ostalpen: ein plattentektonisches Modell, Geol. Rdsch. 65, Stuttgart 1976, 361–374.

FAUPL, P.: Zur räumlichen und zeitlichen Entwicklung von Breccien- und Turbiditserien in den Ostalpen, Mitt. Ges. Geol. Bergb. Stud. 25, Wien 1978, 81–110.

FLÜGEL, H. W.: Alpines Paläozoikum und alpidische Tektonik, Mitt. Österr. Geol. Ges. 71/72, Wien 1980, 25–36.

FRISCH, W.: Plate motions in the Alpine region and their correlation to the opening of the Atlantic ozean, Mitt. Österr. Geol. Ges. 71/72, Wien 1980, 45–48.

GEOLOGISCHE BUNDESANSTALT Wien (Wiss. Red. R. OBERHAUSER), Der geologische Aufbau Österreichs, Wien–New York 1980 (Allg. Teil 1–117).

GWINNER, M. P.: Geologie der Alpen, 2. Aufl., Stuttgart 1978.

HAWKESWORTH, C. J., ET AL.: Plate tectonics in the Eastern Alps in: Earth Planet. Sci. Lett. 24, Amsterdam 1975, 405–413.

HLAUSCHEK, H.: Der Bau der Alpen und seine Probleme, Stuttgart 1983.

JÄGER, E.: Die Geschichte des Alpenraumes, erarbeitet mit radiometrischen Altersbestimmungen, Verh. Geol. B.-A. Wien 1971, 250–254.

KOBER, L.: Der geologische Aufbau Österreichs. (Mit 20 Abb. und 1 Taf.) 204 S. – Wien: Springer 1938.

KOBER, L.: Bau und Entstehung der Alpen. (Mit 100 Abb. und 3 Taf.) 379 S. – Wien: Deuticke 1955.

OBERHAUSER, R.: Stratigraphisch-paläontologische Hinweise zum Ablauf tektonischer Ereignisse in den Ostalpen während der Kreidezeit, Geol. Rdsch. 62, Stuttgart 1973, 96–106.

OBERHAUSER, R.: Die postvariszische Entwicklung des Ostalpenraumes, Verh. Geol. B.-A. Wien 1978, 43–53.

OUTLINE of the Geology of Austria and Selected Excursions, Abh. Geol. B.-A. 34, Wien 1980.

OXBURGH, E. R.: The Eastern Alps – A Geological Excursion Guide. (Mit 30 Abb. und 3 Taf.) – Proc. of the Geol. Assoc., *79,* S. 47–127, London 1968.

PREY, S.: Rekonstruktionsversuch der alpidischen Entwicklung der Ostalpen, Mitt. Österr. Geol. Ges. 69, Wien 1978, 1–25.

RICHTER, D.: Grundriß der Geologie der Alpen, Berlin 1974.

SCHAFFER, F. X. (Hrsg.): Geologie von Österreich. (Mit 97 Abb. und 5 Kt.) XV, 810 S. – Wien. Deuticke 1951.

SCHÖNENBERG, R., u. NEUGEBAUER, I.: Einführung in die Geologie Europas, 4. Aufl., Freiburg 1981.

SEEFELDNER, E.: Salzburg und seine Landschaften. (Mit 67 Abb. und 10 Tab.) – Mitt. Ges. für Salzburger Landeskunde, Ergänzungsband 2, 574 S., Salzburg 1961.

TOLLMANN, A.: Ostalpensynthese. (Mit 22 Abb. und 11 Taf.) 256 S. – Wien: Deuticke 1963.

TOLLMANN, A.: Zur alpidischen Phasengliederung in den Ostalpen. – Anz. Österr. Akad. d. Wiss., mathem.-naturwis. Kl., *101,* S. 237–246, Wien 1964.

TOLLMANN, A.: Die alpidischen Gebirgsbildungs-Phasen in den Ostalpen und Westkarpaten. (Mit 20 Abb. und 1 Taf.) – Geotektonische Forschungen, *21,* 156 S., Stuttgart 1966.

TOLLMANN, A.: Die paläogeographische, paläomorphologische und morphologische Entwicklung der Ostalpen. – Mitt. Österr. Geogr. Ges., *110,* S. 224–244, Wien 1968.

TOLLMANN, A.: Geologie von Österreich I, Wien 1977.

TOLLMANN, A.: Plattentektonische Fragen in den Ostalpen und der plattentektonische Mechanismus des mediterranen Orogens, Mitt. Österr. Geol. Ges. 69, Wien 1978, 291–351.

TOLLMANN, A.: Großtektonische Ergebnisse aus den Ostalpen im Sinne der Plattentekonik, Mitt. Österr. Geol. Ges. 71/72, Wien 1980, 37–44.

3. Molasse

ABERER, F., & BRAUMÜLLER, E.: Die miozäne Molasse am Alpennordrand im Oichten- und Mattigtal nördlich Salzburg. (Mit 1 geol. Kt. und 2 Prof.) – Jahrb. Geol. B.-A., *92, 1947*, S. 129 bis 145, Wien 1949.

ABERER, F.: Die Molasse im westlichen Oberösterreich und in Salzburg. (Mit 1 geol. Kt.) – Mitt. Geol. Ges. in Wien, *50, 1957*, S. 23–94, Wien 1958.

ABERER, F.: Das Miozän der westlichen Molassezone Österreichs mit besonderer Berücksichtigung der Untergrenze und seiner Gliederung. (Mit 1 Abb. u. 1 Tab.) – Mitt. Geol. Ges. in Wien, *52*, S 7–16, Wien 1960.

ABERER, F.: Bau der Molassezone östlich der Salzach. (Mit 6 Abb. und 4 Tab.) – Zeitschr. Dt. Geol. Ges. *113*, S 266–279, Hannover 1962.

BRAUMÜLLER, E.: Die paläogeographische Entwicklung des Molassebeckens in Oberösterreich und Salzburg. – Erdölzeitung, *77*, S. 509–520, Wien und Hamburg, 1961.

FUCHS, W.: Das Jungalpidikum in: Der geologische Aufbau Österreichs, herausgeg. v. d. Geol. B.-A., Wien 1980, 49–55.

FUCHS, W.: Die Molasse zwischen Salzach/Inn und Enns, ebenda 158–164.

HAGN, H.: Die stratigraphischen, paläogeographischen und tektonischen Beziehungen zwischen Molasse und Helvetikum im östlichen Oberbayern. – Geologica Bavarica, *44*, S. 3–208, München 1960.

HAGN, H.: Das Alttertiär der Bayerischen Alpen und ihres Vorlandes. (Mit 3 Abb. und 1 Tab.) – Mitt. Bayer. Staatssammlung für Pal. und hist. Geol., *7*, S. 245–320, München 1967.

JANOSCHEK, R.: Oil Exploration in the molasse basin of Western Austria. (Mit 6 Fig.) – Fifth World Petroleum Congress. Proceedings. Section *I, 47*, S. 849–864, New York 1959.

JANOSCHEK, R.: Über den Stand der Aufschlußarbeiten in der Molassezone Oberösterreichs. – Erdölzeitung, *77*, S. 161–175, Wien und Hamburg 1961.

JANOSCHEK, R.: Das Tertiär in Österreich. – Mitt. Geol. Ges. in Wien, *56*, S. 319–360, Wien 1964.

JANOSCHEK, R.: Erdöl und Erdgas in Oberösterreich. (Mit 8 Abb. und 2 Tab.) – Geol. und Paläont. des Linzer Raumes, S. 91–106, Linz 1969.

KOLLMANN, K., U. MALZER, O.: Die Molassezone Oberösterreichs und Salzburgs in: Erdöl und Erdgas in Österreich (Hrsg. F. Bachmayer), Wien 1980, 179–201.

PAPP, A.: Zur Nomenklatur des Neogens in Österreich. (Mit einer stratigr. Tab.) – Verh. Geol. B.-A., *1968*, S. 9–27, Wien 1968.

PREY, S.: Tertiär im Nordteil der Alpen und im Alpenvorland Österreichs. (Mit 7 Abb.) – Zeitschrf. Dt. Geol. Ges., *109*, S. 624–637, Hannover 1958.

TRAUB, F.: Beitrag zur Kenntnis der miozänen Meeresmolasse ostwärts Laufen/Salzach unter besonderer Berücksichtigung des Wachtberg-Konglomerates. – N. Jahrb. f. Min., Mh, *1945–1948 B*, S. 53–71; 161–174, Stuttgart 1948.

4. Helvetikum und Flysch

ABERER, F., & BRAUMÜLLER, E.: Über Helvetikum und Flysch im Raume nördlich Salzburg. (Mit 4 geol. Karten und 10 Prof.) – Mitt. Geol. Ges. in Wien, *49, 1956*, S. 1–40, Wien 1958.

ABERER, F., JANOSCHEK, R., PLÖCHINGER, B., & PREY, S.: Erdöl Oberösterreichs, Flyschfenster der Nördlichen Kalkalpen. Exkursion II/2. (Mit 8 Abb. und 1 Taf.) – In: Geologischer Führer zu Exkursionen in den Ostalpen. Mitt. Geol. Ges. in Wien, *57*, S. 243–267, Wien 1964.

FAUPL, P.: Zur räumlichen... s. u. Allgem. Darst.

FRASL, G.: Zur Verbreitung der tonalitisch-quarzdioritischen Blöcke vom Typus Schaitten am Nordrand der Ostalpen (Beitrag zur Kenntnis des versenkten helvetischen Kristallins), Mitt. Österr. Geol. Ges. 71/72, Wien 1980, 323–334.

FRASL, G.: Die Suche nach Vulkaniten im Flysch von Salzburg und Oberösterreich, insbesondere im Haunsberggebiet in: Die frühalpine Geschichte der Ostalpen 1, Leoben 1980, 68–74.

FRASL, G., U. KIRCHNER, E. CH.: Frühalpine basische und ultrabasische Eruptiva aus den Nördlichen Kalkalpen und aus dem Raum Helvetikum-Klippenzone in: Die frühalpine Geschichte der Ostalpen 2, Leoben 1981, 81–90.

FRASL, G.: Zur Stellung der basischen Vulkanitblöcke vom Haunsberg (Salzburg) im Grenzbereich rhenodanubischer Flysch/Buntmergelserie in: Die frühalpine Geschichte der Ostalpen 3, Leoben 1982, 61–70.

FUGGER, E.: Das Salzburger Vorland. (Mit 2 Taf. und 30 Abb.) – Jahrb. k. k. Geol. R.-A., *49, 1899,* S. 287–428, Wien 1900.

GOHRBANDT, K.: Zur Gliederung des Paläogen im Helvetikum nördlich Salzburg nach planktonischen Foraminiferen. – (Mit 1 Tab. und 11 Taf.) – Mitt. Geol. Ges. in Wien, *56,* S. 1–116, Wien 1963.

GOHRBANDT, K.: Exkursion in das Gebiet von Salzburg. – Verh. Geol. B.-A., Sonderheft *F,* S. 47–57, Wien 1963.

GÖTZINGER, G.: Aufnahmsberichte... 1925–1958. – Verh. Geol. B.-A., *1926–1959,* Wien 1926–1959.

GÖTZINGER, G.: Das Salzburger Haunsberggebiet zwischen Oichten und Obertrumer See. – Verh. Geol. B.-A., *1936,* S. 86–95, Wien 1936.

GÖTZINGER, K.: Zur Kenntnis der helvetischen Zone zwischen Salzach und Alm. – Verh. Geol. B.-A., *1937,* S. 230–235, Wien 1937.

HAGN, H.: Die stratigraphischen, paläogeographischen und tektonischen Beziehungen zwischen Molasse und Helvetikum im östlichen Oberbayern. – Geologica Bavarica, *44,* S. 3–208, München 1960.

HAGN, H.: Das Alttertiär der Bayerischen Alpen und ihres Vorlandes. (Mit 3 Abb. und 1 Tab.) – Mitt. Bayer. Staatssammlung für Pal. und hist. Geol., 7, S. 245–320, München 1967.

JANOSCHEK, R.: Das Tertiär in Österreich. – Mitt. Geol. Ges. in Wien, *56,* S. 319–360, Wien 1964.

KRAUS, E.: Der Bayerisch-österreichische Flysch. – Abh. Bayer. Oberbergamt, *8,* 82 S., München 1932.

KRAUS, E.: Neue Wege der nordalpinen Flyschforschung. Der nordalpine Kreideflysch. T. II. (Mit 44 Abb. und 4 Taf.) – N. Jahrb. f. Min. etc., Beil.-Bd. *87, B,* S. 1–243, Stuttgart 1942.

KÜHN, O., & ZINKE, G.: Die helvetische Kreide von Mattsee. – N. Jahrb. f. Min., Beil.-Bd. *81, B,* S. 327–346, Stuttgart 1939.

OBERHAUSER, R.: Die Kreide im Ostalpenraum Österreichs in mikropaläontologischer Sicht. (Mit 2 Abb., 1 Tab. und 1 Karte) – Jahrb. Geol. B.-A., *104,* S. 1–88, Wien 1963.

OSBERGER, R.: Der Flysch-Kalkalpenrand zwischen der Salzach und dem Fuschlsee. – Sitzber. Österr. Akad. d. Wiss., mathem.-naturwiss. Kl., Abt. *I, 161,* S. 785–801, Wien 1952.

PLÖCHINGER, B.: Über ein neues Klippen-Flysch-Fenster in den salzburgischen Kalkalpen. (Mit 1 Abb.) – Verh. Geol. B.-A., *1961,* S. 64–68, Wien 1961.

PLÖCHINGER, B.: Geologischer Führer für Strobl am Wolfgangsee, Salzburg. (Mit 4 Abb.) 6 S. – Strobl: Gemeindeamt 1962.

PLÖCHINGER, B.: Die tektonischen Fenster von St. Gilgen und Strobl am Wolfgangsee (Salzburg, Österreich). (Mit 9 Abb. und 2 Taf.) – Jahrb. Geol. B.-A., *107,* S. 11–69, Wien 1964.

PREY, S.: Der obersenone Muntigler Flysch als Äquivalent der Mürbsandstein-führenden Oberkreide. – Verh. Geol. B.-A., *1952,* S. 92–101, Wien 1952.

PREY, S.: Aufnahmsberichte... 1958–1962, 1967. – Verh. Geol. B.-A., *1959–1963, 1968,* Wien 1959–1963 und 1968.

PREY, S.: Tertiär im Nordteil der Alpen und im Alpenvorland Österreichs. (Mit 7 Abb.) – Zeitschr. Dt. Geol. Ges., *109,* S. 624–637, Hannover 1958.

PREY, S.: Flysch und Helvetikum in Salzburg und Oberösterreich. (Mit 3 Abb.) – Zeitschr. Dt. Geol. Ges. *113,* S. 282–292, Hannover 1962.

PREY, S.: Probleme im Flysch der Ostalpen. (Mit 3 Abb., 3 Tab. und 1 Taf.) – Jahrb. Geol. B.-A., *111,* S. 147–174, Wien 1968.

PREY, S.: Bemerkungen zur Paläogeographie des Eozäns im Helvetikum – Ultrahelvetikum in Ostbayern, Salzburg und Oberösterreich, Sitz. Ber. Österr. Akad. Wiss. m.-n-Kl. I 184, Wien 1975, 1–7.

PREY, S.: Helvetikum, Flysch und Klippenzone von Salzburg bis Wien in: Der geologische Aufbau Österreichs, hrsg. v. d. Geol. B.-A. Wien 1980, 189–217.

PREY, S.: Erläuternde Beschreibung des Nordteiles der Geologischen Karte der Umgebung der Stadt Salzburg, Verh. Geol. B.-A. 1980, 281–325.

RICHTER, M., & MÜLLER-DEILE, G.: Zur Geologie der östlichen Flyschzone zwischen Bergen (Oberbayern) und der Enns (Oberdonau). (Mit 1 Karte und 1 Profiltaf.) – Zeitschr. Dt. Geol. Ges., *92,* S. 416–430, Berlin 1940.

SCHWARZACHER, W.: Neue Ammonitenfunde aus dem Flysch von Muntigl bei Salzburg. – Ber. Reichsamt für Bodenforsch., *1943,* S. 157–160, Wien 1943.

SEITZ, A.: Über einige Inoceramen aus der oberen Kreide. 2. Die Muntigler Inoceramenfauna und ihre Verbreitung im Ober-Campan und Maastricht, Beih. Geol. Jb. 86, Hannover 1970, 105–141.

SPENGLER, E.: Die Nördlichen Kalkalpen, die Flyschzone und die helvetische Zone. (Mit 21 Abb.) In: F. X. SCHAFFER: Geologie von Österreich, S. 302–413, Wien: Deuticke 1951.

TOLLMANN, A.: Bemerkungen zu faziellen und tektonischen Problemen des Alpen-Karpaten-Orogens. (Mit 1 Taf.) – Mitt. Ges. d. Geol.- u. Bergbaustud., *18*, S. 207–248, Wien 1968.

TRAUB, F.: Geologische und paläontologische Bearbeitung der Kreide und des Tertiärs im östlichen Ruperti-Winkel, nördlich von Salzburg. – Palaeontographica, *A, 88*, 114 S., Stuttgart 1938.

TRAUB, F.: Die Schuppenzone im Helvetikum von St. Pankraz am Hausnberg, nördlich von Salzburg. – Geologica Bavarica, *15*, 38 S., München 1953.

TRAUB, F.: Weitere Paleozän-Gastropoden aus dem Helvetikum des Hausnberges nördlich von Salzburg, Mitt. Bayer. Staatsslg. Paläont. histor. Geol. 19, München 1979, 93–123; 20, München 1980, 29–49; 21, München 1981, 41–63.

VOGELTANZ, R.: Beitrag zur Kenntnis der fossilen Crustacea Decapoda aus dem Eozän des Südhelvetikums von Salzburg. (Mit 10 Abb. und 1 Tab.) – N. Jahrb. f. Geol. u. Pal., Abh. *130*, S. 78–105, Stuttgart 1968.

VOGELTANZ, R.: Bericht über eine große Fossilgrabung im Salzburger Alpenvorland. (Mit 3 Abb.) – Der Aufschluß, *19*, S. 42–44, Heidelberg 1968.

VOGELTANZ, R.: Sedimentologie und Paläogeographie eines eozänen Sublitorals im Helvetikum von Salzburg. (Mit 14 Abb., 5 Taf. und 2 Tab.) – Verh. Geol. B.-A., *1970*, S. 373–451, Wien 1970.

VOGELTANZ, R.: Scolicien-Massenvorkommen im Salzburger Oberkreide-Flysch. Mit einem Beitrag von H. STRADNER, Verh. Geol. B.-A. 1971, 1–9.

VOGELTANZ, R.: Die Crustacea Decapoda aus der „Fossilschicht" von Salzburg (Tiefes Lutetium, Südhelvetikum), Ber. Haus d. Natur 1972, 29–45.

VOGELTANZ, R.: Eine versteinerte Landschildkröte (GEOCHELONE SP.) aus dem Eozän von St. Pankraz am Hausnberg, Salzburg. Ber. Haus d. Natur V. F., Salzburg 1973, 23–29.

VOGELTANZ, R.: Geologie des Wartstein-Straßentunnels, Umfahrung Mattsee (Land Salzburg), Verh. Geol. B.-A. Wien 1977, 279–291.

WIESENEDER, H.: Zur Petrologie der ostalpinen Flyschzone. (Mit 4 Abb. und 1 Tab.) – Geol. Rundschau, *56*, S. 227–241, Stuttgart 1967.

WOLETZ, G.: Schwermineralanalysen von Gesteinen aus Helvetikum, Flysch und Gosau. – Verh. Geol. B.-A., *1954*, S. 151–152, Wien 1954.

WOLETZ, G.: Charakteristische Abfolgen der Schwermineralgehalte in Kreide- und Alttertiärschichten der Nördlichen Ostalpen. – Jahrb. Geol. B.-A., *106*, S. 89–119, Wien 1963.

WOLETZ, G.: Schwermineralvergesellschaftungen aus ostalpinen Sedimentationsbecken der Kreidezeit. (Mit 1 Abb. und 1 Tab.) – Geol. Rundschau, *56*, S. 308–320, Stuttgart 1967.

ZEIL, W.: Merkmale des Flysch. – Abh. Akad. d. Wiss., Kl. *III*, 1960, S. 206–215, Berlin 1960.

5. Walserbergserie

OBERHAUSER, R.: Beiträge zur Kenntnis der Tektonik und der Paläogeographie während der Oberkreide und dem Paläogen im Ostalpenraum. (Mit 2 Abb. und 2 Taf.) – Jahrb. Geol. B.-A., *111*, S. 115–145, Wien 1968.

PREY, S.: Aufnahmsberichte... 1961, 1962. – Verh. Geol. B.-A., *1962, 1963*, Wien 1962 und 1963.

PREY, S.: Erl. Beschr. s. u. Helvetikum u. Flysch.

WOLETZ, G.: Schwermineralvergesellschaftungen aus ostalpinen Sedimentationsbecken der Kreidezeit. (Mit 1 Abb. und 1 Tab.) – Geol. Rundschau, *56*, S. 308–320, Stuttgart 1967.

6. Kalkalpen

AMPFERER, O.: Über den Westrand der Berchtesgadener Decke. (Mit 17 Abb.) – Jahrb. Geol. B.-A., *77*, S. 205–232, Wien 1927.

AMPERER, O.: Die geologische Bedeutung der Halleiner Tiefbohrung. – Jahrb. Geol. B.-A., *86*, S. 89–114, Wien 1936.

ARTHABER, G. v.: Die alpine Trias des mediterranen Gebietes. In: Lethaea geognostica, II, hrsg. v. F. FRECH. (Mit zahlreich. Abb. u. Tab., 27 Taf.) S. 223–472, Stuttgart 1903–1908.

BARNICK, H.: Tektonite aus dem Verband der permotriadischen Basisschichten der mesozoischen Auflagerung auf der nördlichen Grauwackenzone. (Mit 5 Abb.) – Verh. Geol. B.-A., *1962*, S. 295–316, Wien 1962.

BARTH, W.: Die Geologie der Hochkaltergruppe in den Berchtesgadner Alpen (Nördliche Kalkalpen). (Mit 9 Abb., 1 Tab., 1 Karte, 3 Taf.) – N. Jahrb. f. Geol. u. Pal., Abh. *131,* S. 119 bis 162, Stuttgart 1968.

BERAN, A., FAUPL, P., u. HAMILTON, W.: Anchizonale Metamorphose am Nordrand des Tennengebirges (Nördl. Kalkalpen, Salzburg), Anz. Österr. Akad. Wiss. m.-n.-Kl. 118, Wien 1981, 5, 63–66.

BERNHARD, J.: Die Mitterberger Kupfererzlagerstätte, Erzführung und Tektonik. (Mit 55 Abb.) – Jahrb. Geol. B.-A., *109,* S. 3–90, Wien 1966.

BERNOULLI, D., u. JENKYNS, H. G.: A. Jurassic Basin: The Glasenbach Gorge, Salzburg, Austria, Verh. Geol. B.-A. Wien 1970, 504–531.

BEYSCHLAG, F.: Der Salzstock von Berchtesgaden als Typus alpiner Salzlagerstätten verglichen mit norddeutschen Salzhorsten. – Zeitschr. f. prakt. Geologie, 30, S. 1–6, Halle (Saale) 1922.

BITTNER, A.: Aus den Salzburger Kalkhochgebirgen. Zur Stellung der Hallstätter Kalke. – Verh. k. k. Geol. R.-A., *1884,* S. 99–113, Wien 1884.

BÖGEL, H.: Beitrag zum Aufbau der Reiteralm-Decke und ihrer Umrandung, Diss. München 1971.

BÖSE, E.: Beiträge zur Kenntnis der alpinen Trias. (Mit 27 Abb.) – Zeitschr. Dt. Geol. Ges., *50,* S. 468–586, 695–761, Berlin 1898.

BRANDECKER, H., MAURIN, V., & ZÖTL, J.: Hydrogeologische Untersuchungen und baugeologische Erfahrungen beim Bau des Diessbachspeichers (Steinernes Meer). (Mit 10 Abb. und 5 Taf.) – Steir. Beitr. z. Hydrogeol., *1965,* S. 67–111, Graz 1965.

BRANDECKER-MAURIN s. u. Hydrogeologie.

BRINKMANN, R.: Zur Schichtfolge und Lagerung der Gosau in den Nördlichen Ostalpen. – Sitzber. Preuß. Akad. d. Wiss., Phys. Kl., *1934,* S. 470–477, Berlin 1934.

BRINKMANN, R.: Die Ammoniten der Gosau und des Flysch in den Nördlichen Ostalpen. – Mitt. Staatsinst., *15,* S. 1–14, Hamburg 1935.

BRINKMANN, R.: Bericht über vergleichende Untersuchungen in den Gosaubecken der Nördlichen Ostalpen. – Sitzber. Akad. d. Wiss., mathem.-naturwiss. Kl., Abt. *I, 144,* S. 145–149, Wien 1935.

BROILI, F.: Eine Muschelkalkfauna aus der Nähe von Saalfelden. – Sitzber. Bayer. Akad. d. Wiss., mathem.-naturwiss. Abt. *1927,* S. 229–242, München 1927.

BRÜCKL, J., u. SCHRAMM, J. M.: Metamorphosestudien in spätalpidisch wiederbelebten Schuppenzonen des Oberostalpins in: Die frühalpine Geschichte der Ostalpen 3, Leoben 1982, 79–85.

CORNELIUS, H. P., & PLÖCHINGER, B.: Der Tennengebirgs-N-Rand mit seinen Manganerzen und die Berge im Bereich des Lammertales. (Mit 4 Taf.) – Jahrb. Geol. B.-A., *95,* S. 145–226, Wien 1952.

DACHS, E.: Metamorphoseuntersuchungen an klastischen Sedimentgesteinen südwestlich des Dachsteins (Grauwackenzone/Nördl. Kalkalpen) in: Die frühalpine Geschichte der Ostalpen 2, Leoben 1981, 93–95.

DEL-NEGRO, W.: Zur Zeitbestimmung des juvavischen Einschubes. – Geol. Rundschau, *21,* S. 302–304, Berlin 1930.

DEL-NEGRO, W.: Über die Bauformel der Salzburger Kalkalpen. – Verh. Geol. B.-A., *1932,* S. 120–129, Wien 1932.

DEL-NEGRO, W.: Beobachtungen in der Flyschzone und am Kalkalpenrand zwischen Kampenwand und Traunsee. – Verh. Geol. B.-A., *1933,* S. 117–125, Wien 1933.

DEL-NEGRO, W.: Der geologische Bau der Salzburger Kalkalpen. – Mitt. für Erdkunde, *1934,* S. 2–13, 18–31, 66–69, 98–111, 130–142, 162–176, Linz 1934.

DEL-NEGRO, W.: Bemerkungen zu F. Trauths neuer Synthese der Östlichen Nordalpen. – Verh. Geol. B.-A., *1938,* S 111–113, Wien 1938.

DEL-NEGRO, W.: Das Problem der Dachsteindecke (Vortrag) – Mitt. d. naturwiss. Arb.-Gem., *3–4,* S. 43–49, Salzburg 1953.

DEL-NEGRO, W.: Der Südrand der Salzburger Kalkalpen (Vortrag). – Mitt. d. naturwiss. Arb.-Gem., *6,* S. 15–23, Salzburg 1955.

DEL-NEGRO, W.: Aufnahmsberichte… 1957–1961. – Verh. Geol. B.-A., *1958–1962,* Wien 1958–1962.

DEL-NEGRO, W.: Zur Geologie der Gaisberggruppe (Vortrag). – Mitt. d. naturwiss. Arb.-Gem., *9,* S. 31–43, Salzburg 1958.

DEL-NEGRO, W.: C. W. Kockels „Umbau der Nördlichen Kalkalpen" und der Deckenbau der Salzburger Kalkalpen. – Verh. Geol. B.-A., *1958,* S. 86–89, Wien 1958.

DEL-NEGRO, W.: Zum Problem des Gollinger Schwarzenberges. – Festschrift d. naturwiss. Arb.-Gem. zum 70. Geburtstag von E. P. TRATZ, S. 4–8, Salzburg 1958.

DEL-NEGRO, W.: Historischer Überblick über die geologische Erforschung Salzburgs. – Veröff. Haus der Natur, Abt. *15,* S. 5–13, Salzburg 1964.

DEL-NEGRO, W.: Stand und Probleme der geologischen Erforschung Salzburgs. – Tratz-Festschrift, S. 7–23, Salzburg 1964.

DEL-NEGRO, W.: Randbemerkungen zur ostalpinen Synthese. – Veröff. Haus der Natur, *16*, S. 28–36, Salzburg 1965.

DEL-NEGRO, W.: Zur Herkunft der Hallstätter Gesteine in den Salzburger Kalkalpen. – Verh. Geol. B.-A., *1968*, S. 45–53, Wien 1968.

DEL-NEGRO, W.: Zur Deckennatur des Hallstätter Bereiches um Dürrnberg, Ber. Haus d. Natur Salzburg 1971, 3–6.

DEL-NEGRO, W.: Zur tektonischen Stellung des Hohen Göll, Verh. Geol. B.-A., Wien 1972, 309–314.

DEL-NEGRO, W.: Erl. z. Umgeb. K. Salzb. s. u. Geolog. Karten 1:50.000.

DEL-NEGRO, W.: Der Bau der Gaisberggruppe, Mitt. Ges. Salzb. Landesk. 119, Salzburg 1979, 325–350.

DIERSCHE, V.: Die Radiolarite des Oberjura im Mittelabschnitt der Nördlichen Kalkalpen, Geotektonische Forsch. 58, Stuttgart 1980.

DIMOULAS, A.: Geologische Untersuchungen im Bereich um Leogang, Land Salzburg, Diss. Salzburg 1979.

DOLAK, E.: Das Juvavikum der unteren Lammer. (Mit 5 Beil.) – Unveröff. Diss. Univ. Wien, 88 S., Wien 1948.

FABRICIUS, F.: Faziesentwicklung an der Trias-Jura-Wende in den mittleren Nördlichen Kalkalpen. (Mit 3 Abb.) – Zeitschr. Dt. Geol. Ges., *113*, S. 311–319, Hannover 1962.

FABRICIUS, F.: Beckensedimentation und Riffbildung an der Wende Trias-Jura in den Bayrisch-Tiroler Kalkalpen. (Mit 27 Taf., 24 Abb. und 7 Tab.) – International Sedimentary Petrographical Series, *9*, 143 S., Leiden 1966.

FABRICIUS, F.: Die stratigraphische Stellung der Rät-Fazies in: Die Stratigraphie der alpin-mediterranen Trias, Schr. Reihe Erdw. Komm. Akad. Wiss. Wien 2, 1974, 87–92.

FAUPL, P.: Zur räumlichen … s. u. Allgem. Darst.

FENNINGER, A., u. HOLZER, H. L.: Fazies und Paläogeographie des oberostalpinen Malms, Mitt. Geol. Ges. Wien 63, 1973, 52–141.

FERNECK, F.: Stratigraphie und Fazies im Gebiet der mittleren Saalach und des Reiteralm-Gebirges. (Mit 33 Abb., 19 Prof. und 1 Karte.) – Unveröff. Diss. T. H. München, 107 S., München 1962.

FERNECK, F.: Stratigraphie und Fazies im Gebiet der mittleren Saalach und des Reiteralm-Gebirges (Auszug aus der Dissertation). (Mit 2 Abb.) 12 S., München 1962.

FISCHER, A. G.: The Lofer cyclothems of the alpine Triassic. (Mit 38 Abb.) – Bull. Geol. Surv. Kansas, *169*, S. 107–149, Lawrence 1964.

FISCHER, A. G.: Eine Lateralverschiebung in den Salzburger Kalkalpen. (Mit 7 Abb.) – Verh. Geol. B.-A., *1965*, S. 20–33, Wien 1965.

FLÜGEL, E.: Untersuchungen im obertriadischen Riff des Gosaukammes II. – Verh. Geol. B.-A., *1960*, S. 241–252; III. – Verh. Geol. B.-A., *1962*, S. 138–144, Wien 1960 und 1962.

FLÜGEL, E.: Untersuchungen über den Fossilgehalt und die Mikrofazies der obertriadischen Riff-Kalke in den Nordalpen. (Mit 43 Taf.) – Unveröff. Habil-Schr., 279 S., Wien 1962.

FLÜGEL, E.: Mikroproblematika aus den rhätischen Riff-Kalken der Nordalpen. (Mit 1 Abb., 1 Tab. und 2 Taf.) – Paläont. Zeitschrift, *38*, S. 72–87, Stuttgart 1964.

FLÜGEL, E.: Eine neue Foraminifere aus den Riff-Kalken der nordalpinen Obertrias. (Mit 8 Abb. und 2 Taf.) – Senckenbergiana Lethaea, *48*, S. 381–402, Frankfurt 1967.

FLÜGEL, H., & PÖLSLER, P.: Lithogenetische Analyse der Barmstein-Kalkbank B2 nordwestlich von St. Kolomann bei Hallein (Tithonium, Salzburg). (Mit 6 Abb. und 2 Tab.) – N. Jahrb. f. Geol. u. Pal., Mh. *1965*, S. 513–527, Stuttgart 1965.

FLÜGEL, H., & FENNINGER, A.: Die Lithogenese der Oberalmer Schichten und der mikritischen Plassen-Kalke (Tithonium, Nördliche Kalkalpen). (Mit 10 Abb., 4 Taf. und 2 Tab.) – N. Jahrb. f. Geol. u. Pal., Abh. *123*, S. 249–280, Stuttgart 1966.

FRASL, G., ET AL.: Metamorphose von der Basis der Nördlichen Kalkalpen bis in die tiefsten Einheiten der Ostalpen im Profil Salzburg – mittlere Hohe Tauern in: Geolog. Tiefbau d. Ostalpen 2, Graz 1975, 6–8.

FUCHS, W.: Eine bemerkenswerte, tieferes Apt belegende Foraminiferenfauna aus den konglomeratreichen Oberen Roßfeldschichten von Grabenwald (Salzburg). (Mit 1 Abb., 4 Taf.) – Verh. Geol. B.-A., *1968*, S. 87–97, Wien 1968.

FUGGER, E.: Die Gruppe des Gollinger Schwarzenberges. – Jahrb. k. k. Geol. R.-A., *55*, S. 169–216, Wien 1905.

FUGGER, E.: Die Gaisberggruppe. (Mit 7 Abb.) – Jahrb. k. k. Geol. R.-A., *56*, S. 213–259, Wien 1906.

FUGGER, E.: Das Blühnbachtal. (Mit 9 Abb.) – Jahrb. k. k. Geol. R.-A., *57*, S. 91–114, Wien 1907.

FUGGER, E.: Die Salzburger Ebene und der Untersberg. (Mit 6 Abb.) – Jahrb. k. k. Geol. R.-A., *57*, S. 455–524, Wien 1907.

FUGGER, E.: Das Tennengebirge. (Mit 1 Taf. und 5 Ill.) – Jahrb. k. k. Geol. R.-A., *64, 1914*, S. 369–442, Wien 1915.

GABL, G.: Geologische Untersuchungen in der westlichen Fortsetzung der Mitterberger Kupfererzlagerstätte. (Mit 4 Abb., 1 Taf. und 1 Karte). – Archiv. für Lagerstättenforschung in den Ostalpen, *2*, S. 2–31, Leoben 1964.

GATTINGER, T.: Aufnahmsberichte... 1959–1961. – Verh. Geol. B.-A., *1960–1962*, Wien 1960–1962.

GEYER, G.: Über die Lagerungsverhältnisse der Hirlatzschichten in der südlichen Zone der Nordalpen vom Paß Phyrn bis zum Achensee. – Jahrb. k. k. Geol. R.-A., *36*, S. 215–295, Wien 1885.

GEYER, G.: Zur Geologie des Schobers und der Drachenwand am Mondsee. – Verh. k. k. Geol. R.-A., *1918*, S. 199–207, Wien 1918.

GILLITZER, G.: Geologischer Aufbau des Reiteralpgebirges im Berchtesgadner Land. – Geognost. Jahreshefte, *25*, S. 167–227, München 1912/1913.

GOHRBANDT, K.: Exkursion in das Gebiet von Salzburg. – Verh. Geol. B.-A., Sonderheft *F*, S. 47–57, Wien 1963.

GÖRLER, K., & REUTTER, K. J.: Entstehung und Merkmale der Olisthostrome. – Geol. Rundschau, *57*, S. 484–519, Stuttgart 1968.

GRUBINGER, H.: Geologie und Tektonik der Tennengebirgs-Südseite. (Mit 2 Taf.) – Skizzen zum Antlitz der Erde. KOBER-Festschrift, S. 148–158, Wien: Hollinek 1953.

HAGN, H.: Zur Kenntnis der obersten Kreide am Nordfuß des Untersberges (Salzburger Alpen) – N. Jahrb. f. Geol. u. Pal., Mh. *1952*, S. 203–223, Stuttgart 1952.

HAGN, H.: Das Alttertiär der Bayerischen Alpen und ihres Vorlandes. (Mit 3 Abb. und 1 Tab.) – Mitt. Bayer. Staatssammlung f. Pal. u. hist. Geol., *7*, S. 245–320, München 1967.

HAHN, F. F.: Geologie der Kammerker-Sonntagshorngruppe. (Mit 20 Abb. und 2 Taf.) – Jahrb. k. k. Geol. R.-A., *60*, S. 311–420, Wien 1910.

HAHN, F. F.: Geologie des oberen Saalachgebietes zwischen Lofer und Diesbachtal. (Mit 1 geol. Karte, 2 Profiltaf. und 6 Abb.) – Jahrb. k. k. Geol. R.-A., *63*, S. 1–76, Wien 1913.

HAHN, F. F.: Grundzüge des Baues der Nördlichen Kalkalpen zwischen Inn und Enns. (Mit 7 Taf. und 6 Fig.) Teil 1 und 2. – Mitt. Geol. Ges. in Wien, *6*, S. 238–357, 374–501, Wien 1913.

HALLAM, A.: Sedimentology and palaeogeographic significance of certain red limestones and associated beds in the Lias of the Alpine region. (Mit 5 Abb. und 2 Taf.) – Scottish Journ. Geol., *3/2*, S. 195–222, Edinburg 1967.

HAMILTON, W.: Die Hallstätter Zone des östlichen Lammertales und ihre geologischen Beziehungen zum Tennengebirgstirolikum (Nördl. Kalkalpen) Diss. Wien 1981.

HAUG, E.: Les nappes de charriage des Alpes calcaires septentrionales. – Bull. Soc. géol. France, Sér. *4, 6*, S. 358–422, Paris 1906.

HAUG, E.: Les nappes de charriage des Alpes calcaires septentrionales. 3. T.: Le Salzkammergut. (Mit 1 Profiltaf. und 7 Textfig.) – Bull. Soc. géol. France, Sér. *4, 12*, S. 105–142, Paris 1912.

HÄUSLER, H.: Zur Geologie und Tektonik der Hallstätter Zone im Bereich des Lammertales zwischen Golling und Abtenau (Sbg.), Jb. Geol. B.-A. 122, Wien 1979, 75–141.

HÄUSLER, H.: Zur Geologie und Tektonik der Hallstätter Zone im Bereich des Lammertales zwischen Golling und Abtenau (Sbg.), Diss. Wien 1980.

HÄUSLER, H.: Zur tektonischen Gliederung der Lammer-Hallstätterzone zwischen Golling und Abtenau (Salzburg), Mitt. Öst. Geol. Ges. 71/72, Wien 1980, 403–413.

HÄUSLER, H.: Stratigraphisch-tektonische Untersuchungen in der westlichen Hallstätter Zone zwischen Lammertal und Lofer (Kalkhochalpen) in: Die frühalpine Geschichte der Ostalpen 1, Leoben 1980, 132–135.

HÄUSLER, H.: Zur Stratigraphie und Fazies einiger Hallstätter Schichtglieder in den salzburgisch-oberösterreichischen Kalkhochalpen in: Die frühalpine Geschichte der Ostalpen 2, Leoben 1981, 173–182.

HÄUSLER, H.: Über die Einstufung der Hallstätter Schollen im Bereich der westlichen Lammermasse (Salzburger Kalkhochalpen), Mitt. Ges. Geol. Bergb. Stud. Öst. 27, Wien 1981, 145–159.

HÄUSLER, H., U. BERG, D.: Neues zur Stratigraphie und Tektonik am Westrand der Berchtesgadener Masse, Verh. Geol. B.-A. 1980, 63–95.

HEISSEL, W.: Die geologischen Verhältnisse am Westende des Mitterberger Kupfererzganges (Salzburg). (Mit 3 Taf.) – Jahrb. Geol. B.-A., *90, 1945*, S. 117–149, Wien 1947.

HEISSEL, W.: Golling–Werfen. – Verh. Geol. B.-A., Sonderheft *A*, S. 68–70, Wien 1951.

HEISSEL, W.: Über Baufragen der Salzburger Kalkalpen. – Verh. Geol. B.-A., *1952*, S. 224–231, Wien 1952.

HEISSEL, W.: Zur Stratigraphie und Tektonik des Hochkönig (Salzburg). Mit einem Beitrag von H. ZAPFE. (Mit 1 Taf. und 1 Abb.) – Jahrb. Geol. B.-A., *96*, S. 344–356, Wien 1953.

HEISSEL, W.: Die grünen Werfener Schichten von Mitterberg (Salzburg). (Mit 1 Abb.) – Tsch. Min. u. Petr. Mitt., *F. 3, 4*, S. 338–349, Wien 1954.

HEISSEL, W.: Die „Hochalpenüberschiebung" und die Brauneisenerzlagerstätten von Werfen-Bischofshofen (Salzburg). (Mit 3 Abb. und 2 Taf.) – Jahrb. Geol. B.-A., *98*, S. 183–202, Wien 1955.

HEISSEL, W.: Aufnahmsberichte… 1937–1958. – Verh. Geol. B.-A., *1938–1959*, Wien 1938 bis 1959.

HELL, M.: Eine Tiefbohrung zwischen den Salzburger Stadtbergen. – Festschrift der naturwiss. Arb.-Gem. zum 70. Geburtstag von E. P. TRATZ, S. 9–11, Salzburg 1958.

HELL, M.: Wie tief ist das Salzburger Becken? – Mitt. Ges. f. Salzburger Landeskunde, *99*, S. 179–184, Salzburg 1959.

HELL, M.: Tiefbohrung inmitten des Salzburger Beckens durchfährt Grundgebirge. (Mit 1 Abb.) – Mitt. Ges. f. Salzburger Landeskunde, *103*, S. 135–140, Salzburg 1963.

HERM, D.: Stratigraphische und mikropaläontologische Untersuchungen in der Oberkreide im Becken von Reichenhall und Salzburg. (Auszug aus der Dissertation) 8 Bl. – München 1960.

HERM, D.: Stratigraphische und mikropaläontologische Untersuchungen der Oberkreide im Lattengebirge und Nierental. (Mit 9 Abb. und 11 Taf.) – Bayer. Akad. d. Wiss., mathem. Kl., Abh. *N. F. 104*, 119 S., München 1962.

HERM, D.: Die Schichten der Oberkreide (untere, mittlere und obere Gosau) im Becken von Reichenhall. (Mit 4 Abb.) – Zeitschr. Dt. Geol. Ges., *113*, 320–338, Hannover 1962.

HILLEBRANDT, A. v.: Das Paleozän und tiefere Untereozän im Becken von Reichenhall und Salzburg. (Mit 2 Tab.) (Auszug aus der Dissertation.) 8 Bl. – München 1960.

HILLEBRANDT, A. v.: Das Paleozän und seine Forminiferenfauna im Becken von Reichenhall und Salzburg. (Mit 2 Abb. und 15 Taf.) – Bayer. Akad. d. Wiss., mathem. Kl., Abh. *N. F. 108*, 182 S., München 1962.

HILLEBRANDT, A. v.: Das Alttertiär im Becken von Reichenhall und Salzburg. – Zeitschr. Dt. Geol. Ges., *113*, S. 339–358, Hannover 1962.

HIRSCHBERG, K., & JACOBSHAGEN, V.: Stratigraphische Kondensation in Adnether Kalken am Rötelstein bei Filzmoos (Salzburger Kalkalpen). (Mit 1 Abb.) – Verh. Geol. B.-A., *1965*, S. 33–42, Wien 1965.

HÖCK, V., & SCHLAGER, W.: Einsedimentierte Großschollen in den jurassischen Strubbergbreccien des Tennengebirges (Salzburg). – Anz. Österr. Akad. d. Wiss., mathem.-naturwiss. Kl., *101*, S. 228–229, Wien 1964.

HOSCHEK, G., ET AL.: Metamorphism in the Austroalpine Units between Innsbruck and Salzburg – A Synopsis, Mitt. Österr. Geol. Ges. 71/72, Wien 1980, 335–341.

JAKSCH, K.: Aptychen aus dem Neokom zwischen Kaisergebirge und Saalach. (Mit 100 Abb.) – Verh. Geol. B.-A., *1968*, S. 105–125, Wien 1968.

JURGAN, H.: Sedimentologie des Lias der Berchtesgadener Kalkalpen. (Mit 15 Abb.) – Geol. Rundschau, *58*, S. 464–501, Stuttgart 1969.

KIRCHNER, E. Ch.: Vulkanite aus dem Permoskyth der Nördlichen Kalkalpen und ihre Metamorphose, Mitt. Öst. Geol. Ges. 71/72, Wien 1980, 385–396.

KLAUS, W.: Mikrosporen-Stratigraphie der ostalpinen Salzberge. – Verh. Geol. B.-A., *1953*, S. 161–175, Wien 1953.

KLAUS, W.: Möglichkeiten der Stratigraphie im „Permoskyth", Verh. Geol. B.-A. Wien 1972, 33–34.

KOCKEL, C. W.: Der Umbau der Nördlichen Kalkalpen und seine Schwierigkeiten. – Verh. Geol. B.-A., *1956*, S. 205–212, Wien 1956.

KOLLMANN, H.: Untersuchungen im obertriadischen Riff des Gosaukammes VII. (Mit 1 Abb.) – Verh. Geol. B.-A., *1964*, S. 181–187, Wien 1964.

KRAFT, A. v.: Über den Lias des Hagengebirges. (Mit 4 Abb. und 1 Taf.) – Jahrb. k. k. Geol. R.-A., *47*, S. 199–224, Wien 1898.

KRALIK, M.: Geochronologie der kretazischen Metamorphose in den Kalkalpen und der Grauwackenzone im Bereich von Bischofshofen in: Die frühalpine Geschichte der Ostalpen 3, Leoben 1982, 9–22.

KRALIK, M., THÖNI, M., u. FRANK, W.: Metamorphoseuntersuchungen in den feinklastischen und karbonatischen Sedimenten der Nördlichen Kalkalpen im Salzburger Bereich in: D. frühalp. Geschichte d. Ostalpen 3, Leoben 1901, 37 13.

KÜHN, O.: Zur Stratigraphie und Tektonik der Gosauschichten. – Sitzber. Österr. Akad. d. Wiss., mathem.-naturwiss. Kl., Abt. *I, 156,* S. 181–200, Wien 1947.

KÜHNEL, J.: Zur tektonischen Stellung des Göll im Berchtesgadener Land. (Mit 1 Textfig.) – Geol. Rundschau, *16,* S. 378–383, Berlin 1925.

KÜHNEL, J.: Geologie des Berchtesgadener Salzberges. (Mit 6 Abb. und 6 Taf.) – N. Jahrb. f. Min., Beil.-Bd. *61, B,* S. 447–559, Stuttgart 1929.

KÜPPER, K.: Stratigraphische Verbreitung der Foraminiferen in einem Profil aus dem Becken von Gosau (Grenzbereich Salzburg-Oberösterreich). (Mit 2 Taf.) – Jahrb. Geol. B.-A., *99,* S. 273 bis 320, Wien 1956.

LEBLING, CL.: Geologische Verhältnisse des Gebirges um den Königsee. (Mit 1 Profiltaf., 7 Abb. und 1 Karte) – Abh. Geol. Landesuntersuchung am Bayr. Oberbergamt, *20,* 46 S., München 1935.

LEBLING, CL.: Jungtertiäre Brüche in den östlichen Nord-Alpen. (Mit 6 Abb.) – N. Jahrb. f. Geol. und Pal., Mh. *1966,* S. 281–293, Stuttgart 1966.

LEIN, R.: Neue Ergebnisse über die Stellung und Stratigraphie der Hallstätter Zone südlich der Dachsteindecke, Sitz. Ber. Öst. Akad. Wiss. m.-n.-Kl. I 184, Wien 1976, 197–235.

LEISCHNER, W.: Zur Mikrofazies kalkalpiner Gesteine. (Mit 17 Textabb. und 6 Taf.) – Sitzber. Österr. Akad. d. Wiss., mathem.-naturwiss. Kl., Abt. *I, 168,* S. 839–882, Wien 1959.

LEISCHNER, W.: Geologische Neuaufnahme in der Umgebung von Bad Ischl (Ischl- und unteres Rettenbachtal). (Mit 5 Taf.) – Mitt. Ges. d. Geol. u. Bergbaustud., *10,* S. 63–94, Wien 1959.

LEISCHNER, W.: Stratigraphie und Tektonik des Wolfgangseegebietes in den Salzburger Kalkalpen. (Mit 2 Abb. und 2 Taf.) – Mitt. Geol. Ges. in Wien, *53,* S. 177–208, Wien 1961.

LEISCHNER, W.: Zur Kenntnis der Mikrofauna und -flora der Salzburger Kalkalpen. (Mit Taf. 1–24.) – N. Jahrb. f. Geol. u. Pal., Abh. *112,* S. 1–47. Stuttgart 1961.

LEUCHS, K.: Über Einflüsse der Triasriffe auf die Lias-Sedimentation in den nördlichen Kalkalpen. – Senckenbergiana, *8,* S. 174–199, Frankfurt 1925.

LEUCHS, K.: Sedimentationsverhältnisse im Mesozoikum der Nördlichen Kalkalpen. – Geol. Rundschau, *17,* S. 151–159, Berlin 1926.

LEUCHS, K., & UDLUFT, H.: Entstehung und Bedeutung roter Kalke der Berchtesgadener Alpen. – Senckenbergiana *8,* S. 174–199, Frankfurt 1926.

LEUCHS, K.: Polygene Konglomerate im nordalpinen Rhät und die altkimmerische Phase. – Geol. Rundschau, *19,* S. 72–75, Berlin 1928.

LEUCHS, K.: Anisisch-ladinische Grenze und ladinische Hallstätter Fazies in den Nordalpen. – Sitzber. Österr. Akad. d. Wiss., mathem.-naturwiss. Kl., Abt. *I, 156,* S. 445–459, Wien 1947.

LEUCHS, K.: Orogenese im Kalkalpengebiet in Trias-Jura- und Unterkreidezeit. – Sitzber. Österr. Akad. d. Wiss., mathem.-naturwiss. Kl., Abt. *I, 157,* S. 39–53, Wien 1948.

MEDWENITSCH, W.: Fossilfund im Halleiner Salzberg. – Berg- und Hüttenmänn. Mh., *94,* S. 65–66, Wien 1949.

MEDWENITSCH, W.: Geologie und Tektonik der alpinen Salzlagerstätten. Vortrag. – Mitt. d. naturwiss. Arb.-Gem. 6, S. 1–15, Salzburg 1955.

MEDWENITSCH, W.: Zur Geologie des Halleiner Salzberges. Die Profile des Jakobberg- und Wolfdietrichstollens. (Mit 2 Taf., 1 Abb. und 2 Tab.) – Mitt. Geol. Ges. in Wien, *51, 1958,* S. 197 bis 218, Wien 1960.

MEDWENITSCH, W.: Die Bedeutung der Grubenaufschlüsse des Halleiner Salzberges für die Geologie des Ostrandes der Berchtesgadener Schubmasse. (Mit 3 Abb. und 2 Tab.) – Zeitschr. Dt. Geol. Ges., *113,* S. 463–494, Hannover 1962.

MEDWENITSCH, W.: Zur Geologie des Halleiner und Berchtesgadener Salzberges. (Mit 2 Abb.) – Mitt. d. naturwiss. Arb.-Gem., *14,* S. 1–13, Salzburg 1963.

MEDWENITSCH, W.: Halleiner Salzberg (Dürrnberg). (Mit 2 Abb., 1 Taf. und 1 Tab.) – Verh. Geol. B.-A., Sonderheft F, S. 67–81, Wien 1963.

MEDWENITSCH, W., & SCHLAGER, W.: Ostalpen-Übersichtsexkursion. – Mitt. Geol. Ges. in Wien, *57,* S. 57–106, Wien 1964.

MEDWENITSCH, W.: Probleme der alpinen Salzlagerstätten. – Zeitschr. Dt. Geol. Ges., *115,* S. 863 bis 866, Hannover 1966.

MOJSISOVICS, E. V., & SUESS, E.: Studien über die Gliederung der Trias- und Jurabildungen in den östlichen Alpen II; Die Gebirgsgruppe des Osterhorns. – Jahrb. k. k. Geol. R.-A., *19,* S. 167 bis 200, Wien 1868.

MOJSISOVICS, E. v.: Nachweis der Zone des Tropites subbullatus in den Hallstätter Kalken von Hallein. – Verh. k. k. Geol. B.-A., *1889,* S. 277–280, Wien 1889.

MOJSISOVICS, E. v.: Die Hallstätter Entwicklung der Trias. – Sitzber. k. Akad. d. Wiss., mathem.-naturwiss. Kl., Abt. *I, 101*, S. 769–780, Wien 1892.

MOSTLER, H.: Conodonten aus den Werfener Schiefern (Skythium) der Nördlichen Kalkalpen (Salzburg). – Anz. Österr. Akad. d. Wiss., mathem.-naturwiss. Kl., *105*, S. 62–64, Wien 1968.

MOSTLER, H.: Zur Gliederung der Permoskyth-Schichtfolge im Raum zwischen Wörgl und Hochfilzen (Tirol), Verh. Geol. B.-A. Wien 1972, 155–162.

MOSTLER, H., U. ROSSNER, R.: Stratigraphisch-fazielle und tektonische Betrachtungen zu Aufschlüssen in skyth-anisischen Grenzschichten im Bereich der Annaberger Senke (Salzburg, Österr.), Geol.-paläontolog. Mitt. Innsbruck 6/2, 1977, 1–74.

MÜLLER, K.: Das „Randcenoman" der Nördlichen Kalkalpen und seine Bedeutung für den Ablauf der ostalpinen Deckenüberschiebungen und ihrer Schubweiten, Geol. Rdsch. 62, 1973, 54–96.

NOWAK, J.: Über den Bau der Kalkalpen in Salzburg und im Salzkammergut. (Mit 11 Abb. und 3 Taf.) – Anz. Akad. d. Wiss. Krakau, *1911*, S. 57–112, Krakau 1911.

OBERHAUSER, R.: Morzger Hügel. (Mit 1 Abb.) – Verh. Geol. B.-A., Sonderheft *F*, S. 81–82, Wien 1963.

OBERHAUSER, R.: Die Kreide im Ostalpenraum Österreichs in mikropaläontologischer Sicht. (Mit 2 Abb., 1 Tab. und 1 Karte.) – Jahrb. Geol. B.-A., *104*, S. 1–88, Wien 1963.

OSBERGER, R.: Der Flysch-Kalkalpenrand zwischen der Salzach und dem Fuschlsee. – Sitzber. Österr. Akad. d. Wiss., mathem.-naturwiss. Kl., Abt. *I, 161*, S. 785–801, Wien 1952.

PAK, E., u. SCHAUBERGER, O.: Die geologische Datierung der ostalpinen Salzlagerstätten mittels Schwefelisotopenuntersuchungen, Verh. Geol. B.-A. Wien 1981, 185–192.

PAPP, A.: Nummuliten aus dem Untereozän vom Kühlgraben am Fuße des Untersberges (Salzburg). – Verh. Geol. B.-A., *1959*, S. 141–179, Wien 1959.

PETRASCHEK, W. E.: Der tektonische Bau des Hallein-Dürrnberger Salzberges. (Mit 3 Taf. und 6 Textfig.) – Jahrb. Geol. B.-A., *90, 145*, S. 3–20, Wien 1947.

PETRASCHECK, W. E.: Der Gipsstock von Grubach bei Kuchl. – Verh. Geol. B.-A., *1947*, S. 148–152, Wien 1949.

PETRASCHECK, W. E.: Die geologische Stellung der Salzlagerstätte von Hallein. (Mit 4 Abb.) – Berg- und Hüttenmänn. Mh., *94*, S. 60–62, Wien 1949.

PIA, J.: Geologische Skizze der Südwestecke des Steinernen Meeres bei Saalfelden mit besonderer Rücksicht auf die Diploporengesteine. – Sitzber. Akad. d. Wiss., mathem.-naturwiss. Kl., Abt. *I, 132*, S. 35–79, Wien 1923.

PICHLER, H.: Geologische Untersuchungen im Gebiet zwischen Roßfeld und Markt Schellenberg im Berchtesgadener Land. (Mit 5 Abb., 3 Tab. und 6 Taf.) – Geol. Jahrb., Beih. *48*, S. 129 bis 204, Hannover 1963.

PIPPAN, TH.: Aufnahmsberichte... 1957, 1958. – Verh. Geol. B.-A., *1958, 1959*, Wien 1958 und 1959.

PLÖCHINGER, B.: Ein Beitrag zur Geologie des Salzkammergutes im Bereich von Strobl am Wolfgangsee bis zum Hang der Zwieselalm. – Jahrb. Geol. B.-A., *93, 1948*, S. 1–35, Wien 1949.

PLÖCHINGER, B.: Gosau-Golling. – Verh. Geol. B.-A., Sonderheft *A*, S. 64–67, Wien 1951.

PLÖCHINGER, B.: Charakterbilder aus der Tektonik der Salzburger Kalkalpen. (Mit 1 Taf.) – Verh. Geol. B.-A., Sonderheft *C*, S. 107–111, Wien 1952.

PLÖCHINGER, B.: Der Bau der südlichen Osterhorngruppe und die Tithon-Neokomtransgression. (Mit 3 Abb. und 1 Taf.) – Jahrb. Geol. B.-A., *96*, S. 357–372, Wien 1953.

PLÖCHINGER, B.: Charakterbilder aus der Tektonik der Salzburger Kalkalpen (Vortrag). – Mitt. Geol. Ges. in Wien, *44, 1951*, S. 265–266, Wien 1953.

PLÖCHINGER, B.: Zur Geologie des Kalkalpenabschnittes vom Torrener Joch zum Ostfuß des Untersberges; die Göllmasse und die Halleiner Hallstätter Zone. (Mit 5 Abb. und 3 Taf.) – Jahrb. Geol. B.-A., *98*, S. 93–144, Wien 1955.

PLÖCHINGER, B.: Aufnahmsberichte... 1950–1956. – Verh. Geol. B.-A., *1950/1951–1957*, Wien 1951 bis 1957.

PLÖCHINGER, B.: Probleme aus der Geologie Salzburgs. – Mitt. Geol. Ges. in Wien, *47*, S. 312 bis 315, Wien 1956.

PLÖCHINGER, B., & OBERHAUSER, R.: Ein bemerkenswertes Profil mit rhätisch-liassischen Mergeln am Untersberg-Ostfuß (Salzburg). – Verh. Geol. B.-A., *1956*, S. 275–283, Wien 1956.

PLÖCHINGER, B., & OBERHAUSER, R.: Die Nierentaler Schichten am Untersberg bei Salzburg. (Mit 2 Textabb.) – Verh. Geol. B.-A., *1957*, S. 67–114, Wien 1957.

PLÖCHINGER, B.: Über ein neues Klippen-Flyschfenster in den Salzburger Kalkalpen. (Mit 1 Abb.) – Verh. Geol. B.-A., *1961*, S. 64–68.

PLÖCHINGER, B.: Geologischer Führer für Strobl am Wolfgangsee, Salzburg. 6 S., 4 Abb. – Strobl: Gemeindeamt 1962.

PLÖCHINGER, B.: Exkursion in den Grünbachgraben am Untersberg-Ostfuß. (Mit 1 Abb., 1 Tab. und 1 Taf.) – Verh. Geol. B.-A., Sonderheft *F*, S. 57–67, Wien 1963.

PLÖCHINGER, B.: Die tektonischen Fenster von St. Gilgen und Strobl am Wolfgangsee (Salzburg, Österreich). (Mit 9 Abb. und 2 Taf.) – Jahrb. Geol. B.-A., *107*, S. 11–69, Wien 1964.

PLÖCHINGER, B.: Bericht über die Klippen-Flyschfenster von St. Gilgen und Strobl am Wolfgangsee. (Mit 1 Taf.) – Veröff. Haus der Natur, *15*, S. 12–17, Salzburg 1964.

PLÖCHINGER, B.: Klippen-Flyschfenster von Strobl und St. Gilgen am Wolfgangsee. (Mit 3 Abb.) – Mitt. Geol. Ges. in Wien, *57*, S. 256–264, Wien 1964.

PLÖCHINGER, B.: Aufnahmsberichte... 1959–1961, 1964. – Verh. Geol. B.-A., *1960–1962, 1965,* Wien 1960–1962 und 1965.

PLÖCHINGER, B.: Die Hallstätter Deckscholle östlich von Kuchl/Salzburg und ihre in das Aptien reichende Roßfeldschichten-Unterlage. (Mit 2 Abb. und 1 Taf.) – Verh. Geol. B.-A., *1968*, S. 80–86, Wien 1968.

PLÖCHINGER, B.: Erl. z. Wolfgangseekarte u. z. Bl. St. Wolfgang, s. u. Geolg. Karten.

PLÖCHINGER, B.: Gravitativ transportiertes permisches Haselgebirge in den Oberalmer Schichten (Tithonium, Salzburg), Verh. Geol.B.-A. Wien 1974, 71–88.

PLÖCHINGER, B.: Die Oberalmer Schichten und die Platznahme der Hallstätter Masse in der Zone Hallein-Berchtesgaden, N. Jb. Geol. Paläont. Abh. 151, Stuttgart 1976, 304–324.

PLÖCHINGER, B.: Die Untersuchungsbohrung Guthratsberg B I südlich St. Leonhard im Salzachtal (Salzburg), Verh. Geol. B.-A. Wien 1977, 3–11.

PLÖCHINGER, B.: Argumente für die intramalmische Eingleitung von Hallstätter Schollen bei Golling (Salzburg), Verh. Geol. B.-A. Wien 1979, 181–194.

PLÖCHINGER, B.: Die Nördlichen Kalkalpen in: Der geol. Aufbau Österr., Wien–New York 1980, 218–264.

POLL, K.: Die Diskussion des Deckenbaues in den nördlichen Kalkalpen (I.) (Literaturbericht 1953–1960); (II.) (Literaturbericht 1961–1966). – Zentralbl. f. Geol. u. Pal., Teil *I, 1967*, S. 889–916; 1079–1116, Stuttgart 1967.

PREY, S.: Tertiär im Nordteil der Alpen und im Alpenvorland Österreichs. (Mit 7 Abb.) – Zeitschr. Dt. Geol. Ges. *109*, S. 624–637, Hannover 1958.

PREY, S.: Zwei Tiefbohrungen der Stieglbrauerei in Salzburg. – Verh. Geol. B.-A., *1959*, S. 216–224, Wien 1959.

PREY, S.: Bericht (1958) über geologische Aufnahmen im Flyschanteil der Umgebungskarte (1:25.000) von Salzburg. – Verh. Geol. B.-A., *1959*, S. A 63–A 64, Wien 1959.

PREY, S.: Erl. Beschr.... s. u. Helvetikum u. Flysch.

ROSENBERG, G.: Geleitworte zu den Tabellen der Nord- und Südalpinen Trias der Ostalpen. (Mit 4 Taf.) – Jahrb. Geol. B.-A., *102*, S. 477–479, Wien 1959.

ROSENBERG, G.: Geleitworte zu den Tabellen des Nord- und Südalpinen Jura der Ostalpen. (Mit 3 Taf.) – Jahrb. Geol. B.-A., *109*, S. 173–175, Wien 1966.

ROSSNER, R.: Die Geologie des nordwestlichen St. Martiner Schuppenlandes am Südostrand des Tennengebirges (Oberostalpin), Erlanger geol. Abh. 89, Erlangen 1972.

RUESS, H., & SCHAUBERGER, O.: Über die Zusammensetzung der alpinen Salztone. – Berg- u. Hüttenmänn. Mh., *96*, S. 187–195, Wien 1951.

SCHAUBERGER, O.: Die stratigraphische Aufgliederung des alpinen Salzgebirges. (Mit 3 Textabb.) – Berg- u. Hüttenmänn. Mh., *94*, S. 46–56, Wien 1949.

SCHAUBERGER, O.: Zur Genese des alpinen Haselgebirges. (Mit 2 Abb. und 3 Taf.) – Zeitschr. Dr. Geol. Ges., *105*, S. 736–751, Hannover 1955.

SCHAUBERGER, O.: Über die Gliederung und Entstehung des alpinen Haselgebirges (Vortrag). – Mitt. d. naturwiss. Arb.-Gem., *7*, S. 15–24, Salzburg 1956.

SCHLAGER, M.: Zur Geologie des Untersberges bei Salzburg. (Mit 1 Kartenskizze.) – Verh. Geol. B.-A., *1930*, S. 245–255, Wien 1930.

SCHLAGER, M.: Beitrag zur Geologie des Trattberges (Vortrag). – Mitt. d. naturwiss. Arb.-Gem., *3/4*, S. 11–26, Salzburg 1953.

SCHLAGER, M.: Bericht über eine Exkursion auf die Hochfläche von St. Koloman. – Mitt. d. naturwiss. Arb.-Gem., *5*, S. 45–46, Salzburg 1954.

SCHLAGER, M.: Der geologische Bau des Plateaus von St. Koloman. (Mit 1 geol. Karte und 1 Skizze.) – Mitt. Ges. f. Salzburger Landeskunde, *94*, S. 209–225, Salzburg 1954.

SCHLAGER, M.: Geologische Studien im Tauglboden (Vortrag). – Mitt. d. naturwiss. Arb.-Gem., 7, S. 25–45, Salzburg 1956.

SCHLAGER, M.: Exkursion zum Untersbergfuß und nach Adnet. – Mitt. d. naturwiss. Arb.-Gem., 8, S. 19–25, Salzburg 1957.

SCHLAGER, M.: Kleine geologische Studie über das Adneter Becken. – Festschrift d. naturwiss. Arb.-Gem. zum 70. Geburtstag von E.P. TRATZ, S. 12–17, Salzburg 1958.

SCHLAGER, M.: Beiträge zur Geologie des Schlenkens bei Hallein. (Mit 6 Taf.) – Mitt. d. naturwiss. Arb.-Gem., 9, S. 9–30, Salzburg 1958.

SCHLAGER, M.: Bilder von Sedimentations- und Bewegungsvorgängen im Jura des Tauglgebietes. (Mit 4 Abb.) – Mitt. d. naturwiss. Arb.-Gemein., 11, S. 7–17, Salzburg 1960.

SCHLAGER, M.: Aufnahmsberichte… 1957–1968. – Verh. Geol. B.-A., 1958–1969, Wien 1958–1969.

SCHLAGER, M., & W.: Über die Sedimentationsbedingungen der jurassischen Tauglbodenschichten. (Mit 1 Abb.) – Anz. Österr. Akad. d. Wiss., mathem.-naturwiss. Kl., 106, S. 178–183, Wien 1969.

SCHLAGER, W.: Aufnahmsberichte… 1964, 1967. – Verh. Geol. B.-A., 1965, 1968, Wien 1965 und 1968.

SCHLAGER, W.: Fazies und Tektonik am Westrand der Dachsteinmasse II. (Mit 8 Abb. und 3 Taf.) – Mitt. Ges. d. Geol.- u. Bergbaustud., 17, S. 205–282, Wien 1967.

SCHLAGER, W.: Hallstätter- und Dachsteinkalk-Fazies am Gosaukamm und die Vorstellung ortsgebundener Hallstätter Zonen in den Ostalpen. (Mit 3 Taf.) – Verh. Geol. B.-A., 1968, S. 50–70, Wien 1968.

SCHLAGER, W.: Das Zusammenwirken von Sedimentation und Bruchtektonik in den triadischen Hallstätter Kalken der Ostalpen. (Mit 8 Abb.) – Geol. Rundschau, 59, S. 289–308, Stuttgart 1969.

SCHLAGER, W., u. SCHLAGER, M.: Clastic sediments associated with radiolarites (Tauglbodenschichten, Upper Jurassic, Eastern Alps), Sedimentology 20, Oxford–London 1973, 65–89.

SCHLOSSER, M.: Das Triasgebiet von Hallein. (Mit 2 Abb. und 2 Taf.) – Zeitschr. Dt. Geol. Ges., 50, S. 333–384, Berlin 1898.

SCHNETZER, R.: Die Muschelkalkfauna des Öfenbachgrabens bei Saalfelden. (Mit 6 Taf.) – Palaeontographica, A, 81, 160 S., Stuttgart 1934.

SCHRAMM, J. M.: Vorbericht über Untersuchungen zur Metamorphose im Raume Bischofshofen–Dienten–Saalfelden (Grauwackenzone/Nördl. Kalkalpen, Sbg.), Anz. m.-n. Kl. Öst. Akad. d. Wiss. 1974/2, 199–207.

SCHRAMM, J. M.: Über die Verbreitung epi- und anchimetamorpher Sedimentgesteine in der Grauwackenzone und in den Nördlichen Kalkalpen – Zwischenbericht, Geol. paläont. Mitt. Innsbruck 7/2, 1977, 3–20.

SCHRAMM, J. M.: Bemerkungen zum Metamorphosegeschehen in klastischen Sedimentgesteinen im Salzburger Abschnitt der Grauwackenzone und der Nördlichen Kalkalpen, Mitt. Öst. Geol. Ges. 71/72, Wien 1980, 379–384.

SCHRAMM, J. M.: Überlegungen zur Metamorphose des klastischen Permoskyth der Nördlichen Kalkalpen vom Alpenostrand bis zum Rätikon (Österr.), Verh. Geol. B.-A. Wien 1982, 73–83.

SCHRAMM, J. M., u. ZEIDLER, K.: Über die Metamorphose klastischer und karbonatischer Triasgesteine des Blühnbachtales (Nördl. Kalkalpen, Salzburg), in: Die frühalpine Geschichte der Ostalpen 3, Leoben 1982, 71–78.

SCHULER, G.: Lithofazielle, sedimentologische und paläogeographische Untersuchungen in den Raibler Schichten zwischen Inn und Salzach (Nördliche Kalkalpen). (Mit 18 Abb. und 4 Taf.) – Erlanger Geol. Abh., 71, 60 S., Erlangen 1968.

SEIDL, E.: Die Salzstöcke des deutschen (germanischen) und des Alpen-Permsalz-Gebietes. – Kali, 21, Halle (Saale) 1927.

SICKENBERG, O.: Das Ostende des Tennengebirges. (Mit 1 Taf. und 5 Abb.) – Mitt. Geol. Ges. in Wien, 19, 1926, S. 79–139, Wien 1928.

SICKENBERG, O.: Geologische Untersuchungen in der nördlichen Osterhorngruppe. – Anz. Akad. d. Wiss., mathem.-naturwiss. Kl., 68, S. 287–289, Wien 1931.

SIEBER, R.: Neue Untersuchungen über die Stratigraphie und Ökologie der alpinen Triasfaunen. I. Die Fauna der nordalpinen Rhätriffkalke. – N. Jahrb. f. Min., Beil.-Bd. 78, B, S. 123–188, Stuttgart 1937.

SPENGLER, E.: Die Schafberggruppe. (Mit 1 geol. Karte, 1 Profiltaf. und 5 Abb.) – Mitt. Geol. Ges. in Wien 4, S. 181–275, Wien 1911.

SPENGLER, E.: Untersuchungen über die tektonische Stellung der Gosauschichten. – Sitzber. k. Akad. d. Wiss., mathem.-naturwiss. Kl., Abt. I, 121, S. 1039–1086; 123, S. 267–328, Wien 1912 und 1914.

SPENGLER, E.: Geologischer Querschnitt durch die Kalkalpen des Salzkammergutes. (Mit 1 Taf.) – Mitt. Geol. Ges. in Wien, 11, S. 1–70, Wien 1919.

SPENGLER, E., & PIA, J.: Geologischer Führer durch die Salzburger Alpen und das Salzkammergut. (Mit 17 Abb. und 10 Taf.) – Samml. geol. Führer, *26*, 150 S., Berlin: Bornträger 1924.

SPENGLER, E.: Zur Einführung in die tektonischen Probleme der Nördlichen Kalkalpen. Das Problem der Hallstätter Decke. – Mitt d. Reichsamts f. Bodenforschung, Zweigst. Wien, *5*, S. 3–17, Wien 1943.

SPENGLER, E.: Über den geologischen Bau des Rettensteins (Dachsteingruppe). Mit Beobachtungen von G. NEUMANN und einem Beitrag von W. VORTISCH. (Mit 2 Prof.) – Mitt. d. Reichsamts f. Bodenforschung, Zweigst. Wien, *5*, S. 55–56, Wien 1943.

SPENGLER, E.: Die Nördlichen Kalkalpen, die Flyschzone und die helvetische Zone. (Mit 21 Abb.) Mit einem Beitrag von W. VORTISCH. In: F. X. SCHAFFER: Geologie von Österreich, S. 302–413, Wien: Deuticke 1951.

SPENGLER, E.: Zur Frage des tektonischen Zusammenhanges zwischen Dachstein- und Tennengebirge. – Verh. Geol. B.-A., *1952*, S. 65–85, Wien 1952.

SPENGLER, E.: Erläuterungen zur geologischen Karte der Dachsteingruppe. Mit Beiträgen von O. GANSS, F. KÜMEL, A. MEIER & O. SCHAUBERGER. (Mit 1 geol. Karte 1:25.000, 3 Profiltaf., 3 Lichtdrucktaf. und 3 Abb. im Text). – Wiss. Alpenvereinshefte, *15*, 82 S., Innsbruck: Wagner 1954.

SPENGLER, E.: Versuch einer Rekonstruktion des Ablagerungsraumes der Decken der Nördlichen Kalkalpen. Teil II: Der Mittelabschnitt der Kalkalpen. (Mit 1 Karte und 5 Textabb.) – Jahrb. Geol. B.-A., *99*, S. 1–74, Wien 1956.

SPENGLER, E.: Les zones de facies du trias des Alpes Calcaires Septentrionales et leurs rapports avec la structure des nappes. (Mit 1 Abb.) – Livre Mém. P. Fallot, *2*, S. 465–475, Paris 1963.

THURNER, A.: Die Puchberg- und Mariazeller Linie. (Mit 8 Abb.) – Sitzber. Österr. Akad. d. Wiss., mathem.-naturwiss. Kl., Abt. *I, 160*, S. 639–672, Wien 1951.

THURNER, A.: Die Stauffen-Höllengebirgsdecke. – Zeitschr. Dt. Geol. Ges., *105*, S. 47–56, Hannover 1954.

THURNER, A.: Die Bedeutung des Nord- und Südrahmens für die Tektonik der Nördlichen Kalkalpen. (Mit 6 Abb.) – Abh. Akad. d. Wiss. Berlin, *III, 1*, (Kraus-Festschrift) S. 19–35, Berlin 1960.

THURNER, A.: Die Baustile in den tektonischen Einheiten der Nördlichen Kalkalpen. (Mit 7 Abb.) – Zeitschr. Dt. Geol. Ges., *113*, S. 367–389, Hannover 1962.

TICHY, G., u. SCHRAMM, J. M.: Das Hundskarprofil, ein Idealprofil durch die Werfener Schichten am Südfuß des Hagengebirges, Der Karinthin 80, Salzburg 1979, 106–115.

TOLLMANN, A.: Die Hallstätter Zone des östlichen Salzkammergutes und ihr Rahmen (darin Rettenstein bei Filzmoos). (Mit 4 Abb. und 4 Taf.) – Jahrb. Geol. B.-A., *103*, S. 37–131, Wien 1960.

TOLLMANN, A.: Deckenbau und Fazies im Salzkammergut. – Zeitschr. Dt. Geol. Ges., *113*, S. 495–500, Hannover 1962.

TOLLMANN, A.: Zur Frage der Faziesdecken in den Nördlichen Kalkalpen und zur Einwurzelung der Hallstätter Zone – Geol. Rundschau, *53*, S. 151–168, Stuttgart 1964.

TOLLMANN, A.: Faziesanalyse der alpidischen Serien der Ostalpen. (Mit 1 Abb.) – Verh. Geol. B.-A., Sonderheft *G*, S. 103–133, Wien 1965.

TOLLMANN, A.: Die Auswirkungen der Jungkimmerischen Phase in den Nördlichen Kalkalpen. – N. Jahrb. f. Geol. u. Pal., Mh. *1965*, S. 495–504, Stuttgart 1965.

TOLLMANN, A.: Die alpidischen Gebirgsbildungs-Phasen in den Ostalpen und Westkarpaten. (Mit 20 Abb. und 1 Tab.) – Geotektonische Forschungen, *21*, 156 S., Stuttgart 1966.

TOLLMANN, A.: Bemerkungen zu faziellen und tektonischen Problemen des Alpen-Karpaten-Orogens. (Mit 1 Taf.) – Mitt. Ges. d. Geol.- u. Bergbaustud., *18*, S. 207–248, Wien 1968.

TOLLMANN, A.: Der Baustil der Decken. (Mit 3 Abb.) – Report 23, Int. Geol. Congr., *3*, S. 49–59, Prag 1968.

TOLLMANN, A.: Tektonische Karte der Nördlichen Kalkalpen. 2. Teil: Der Mittelabschnitt. (Mit 1 Kartentaf.) – Mitt. Geol. Ges. in Wien, *61*, S. 124–181, Wien 1969.

TOLLMANN, A.: Die Bruchtektonik in den Ostalpen. (Mit 1 Abb.) – Geol. Rundschau, *59*, S. 278–288, Stuttgart 1969.

TOLLMANN, A.: Die Neuergebnisse über die Triasstratigraphie der Ostalpen, Mitt. Ges. Geol. Bergb. Stud. Wien 21, 1972, 65–113.

TOLLMANN, A.: Grundprinzipien der alpinen Deckentektonik. Eine Systemanalyse am Beispiel der Nördlichen Kalkalpen (= Monographie der Nördlichen Kalkalpen I), Wien 1973.

TOLLMANN, A.: Zur Frage der Parautochthonie der Lammereinheit in der Salzburger Hallstätter Zone, Sitz. Ber. Öst. Akad. Wiss. m.-n. Kl. I 184, Wien 1975, 237–257.

TOLLMANN, A.: Analyse des klassischen nordalpinen Mesozoikums (= Monographie der Nördlichen Kalkalpen II), Wien 1976.

TOLLMANN, A.: Der Bau der Nördlichen Kalkalpen (= Monographie der Nördlichen Kalkalpen III), Wien 1977.

TOLLMANN, A.: Neuergebnisse über die deckentektonische Struktur der Kalkhochalpen, Mitt. Öst. Geol. Ges. 71/72, Wien 1980, 397–402.

TOLLMANN, A.: Altalpidische Tektonik in der Hallstätter Zone in: Die frühalpine Geschichte der Ostalpen 2, Leoben 1981, 157–172.

TOLLMANN, A.: Oberjurassische Gleittektonik als Hauptformungsprozeß der Hallstätter Region und neue Daten zur Gesamttektonik der Nördlichen Kalkalpen in den Ostalpen, Mitt. Öst. Geol. Ges. 74/75, Wien 1981, 167–195.

TOLLMANN, A., U. KRISTAN-TOLLMANN, E.: Geologische und mikropaläontologische Untersuchungen im Westabschnitt des Hallstätter Zonen in den Ostalpen, Geol. et. Palaeont. 4, Marburg 1970, 87–145.

TRAUTH, F.: Geologie der nördlichen Radstädter Tauern und ihres Vorlandes. 1. Teil. (Mit 5 geol. Karten); 2. Teil. (Mit 4 Textfig. und 4 geol. Profiltaf.) – Denkschr. Akad. d. Wiss., mathem.-naturwiss. Kl., *100*, S. 101–212; *101*, S. 29–65, Wien 1925 und 1927.

TRAUTH, F.: Über die tektonische Gliederung der östlichen Nordalpen. (Mit 1 Karte.) – Mitt. Geol. Ges. in Wien, *29, 1936*, (Sueß-Festschrift), S. 473–573, Wien 1937.

TRAUTH, F.: Die fazielle Ausbildung und Gliederung des Oberjura in den nördlichen Ostalpen. (Mit 3 strat. Tab.) – Verh. Geol. B.-A., *1948*, S. 145–218, Wien 1950.

VOGELTANZ, R.: Bericht über die Großsprengungen im Wimberg- und Kirchenbruch (Adnet) der Kiefer Ges. m. b. H. im Okober 1964. (Mit 2 Abb.) – Veröff. Haus der Natur, *16*, S. 44–49, Salzburg 1965.

VOGELTANZ, R.: Fischfunde aus der Salzburger Obertrias. (Mit 4 Abb.) Der Aufschluß, *20*, S. 96–99, Heidelberg 1969.

VOGELTANZ, R.: Der erste Seeigel aus den Oberalmer Mergelkalken, Mitt. Ges. Salzb. Landesk. 1970/71, 419–425.

VOGELTANZ, R.: Baugeologischer Bericht über den Ausbau des Bauloses „Lammeröfen", Lammertal-Bundesstraße (Salzburg), Verh. Geol. B.-A. 1975, 131–136.

VORTISCH, W.: Oberrhätischer Riffkalk und Lias in den nordöstlichen Alpen. – Jahrb. Geol. B.-A., *76*, S. 1–64, Wien 1926.

VORTISCH, W.: Tektonik und Breccienbildung in der Kammerker-Sonntagshorngruppe. – Jahrb. Geol. B.-A., *81*, S. 81–96, Wien 1931.

VORTISCH, W.: Die Juraformation und ihr Liegendes in der Kammerker-Sonntagshorngruppe. (Mit 2 Abb. und 3 Taf.) – N. Jahrb. f. Min., Beil.-Bd. *73, B,* S. 100–148, Stuttgart 1934.

VORTISCH, W.: Über schichtenparallele Bewegungen. – Zentralbl. f. Min., *1937, B,* S. 263–286, Stuttgart 1937.

VORTISCH, W.: Ein geologischer Querschnitt durch die Kammerker-Sonntagshorngruppe. (Mit 15 Textabb. und 10 Taf.) – Abh. Dt. Ges. d. Wiss. u. Künste in Prag, mathem.-naturwiss. Abt. *1*, S. 1–194, Prag 1938.

VORTISCH, W.: Neue Aufschlüsse des Rhät-Jura an der Straße ins Heutal bei Unken in Salzburg. – Verh. Reichsamt f. Bodenforsch. *1939*, S. 228–231, Wien 1939.

VORTISCH, W.: Das Südosteck der Kammerker-Sonntagshorngruppe und die Umgebung der Anderalm in den Loferer Steinbergen. – Mitt d. Reichsamts f. Bodenforsch., Zweigst. Wien, *I*, S. 99–120, Wien 1940.

VORTISCH, W.: Die Geologie der Inneren Osterhorngruppe. Teil 1–6. – N. Jahrb. f. Geol. u. Pal., Mh. *1949, B,* S. 40–44; Abh. *91, B,* S. 429–496; Abh. *96*, S. 181–200; Abh. *98*, S. 125 bis 148; Abh. *109*, S. 173–212; Abh. *122*, S. 222–256, Stuttgart 1949–1965.

VORTISCH, W.: Einiges über die Juraformation von Salzburg. – N. Jahrb. f. Geol. u. Pal., Mh. *1956*, S. 106–109, Stuttgart 1956.

VORTISCH, W.: Ist der Überschiebungsbau in den rhätischen und jurassischen Gesteinen der nordöstlichen Alpen zweifelhaft? – N. Jahrb. f. Geol. u. Pal., Mh. *1963*, S. 358–369, Stuttgart 1963.

VORTISCH, W.: Die Jura-Serie der Kehlbach-Schlucht (Salzburg, Österreich). (Mit 4 Abb. und 1 Taf.) – N. Jahrb. f. Geol. u. Pal., Abh. *131*, S. 252–262, Stuttgart 1968.

VORTISCH, W.: Die Geologie des Glasenbachtales südlich von Salzburg, Geol. et Palaeont. 4, Marburg, 1970, 147–166.

WÄHNER, F.: Zur heteropischen Differenzierung des alpinen Lias. – Verh. k. k. Geol. R.-A., *1886*, S. 168–176; S. 190–206, Wien 1886.

WÄHNER, F.: Exkursion nach Adnet und auf den Schafberg. – IX. Internat. Geol.-Kongr., Führer für die Exkursionen in Österreich, *IV*, (2), 20 S., Wien 1903.

WEBER, E.: Ein Beitrag zur Kenntnis der Roßfeldschichten und ihrer Fauna. (Mit 5 Abb., 1 Tab. und 5 Taf.) – N. Jahrb. f. Min., Beil.-Bd. *86, B*, S. 247–281, Stuttgart 1942.

WENDT, J.: Die Typlokalität der Adneter Schichten, Ann. Inst. Geol. Hung. 54, Budapest 1971.

WILLE, U.: Stratigraphie und Tektonik der Schichten der Oberkreide und des Alttertiärs im Raume von Gosau und Abtenau. (Mit 9 Taf. und 7 Beil.) – Unveröff. Diss. Univ. Wien, 114 S., Wien 1964.

WILLE-JANOSCHEK, U.: Stratigraphie und Tektonik der Schichten der Oberkreide und des Alttertiärs im Raume von Gosau und Abtenau. (Mit 3 Abb. und 11 Taf.) – Jahrb. Geol. B.-A., *109*, S. 91–172, Wien 1966.

WILLE, U.: Die Foraminiferenfauna des Eozäns von Schorn bei Abtenau (Salzburg, Österreich). (Mit 3 Abb. und 16 Taf.) – Jahrb. Geol. B.-A., *111*, S. 213–291, Wien 1968.

WIMMER, R.: Geologische Beobachtungen am Nordsockel des Schafberges. – Verh. Geol. B.-A., *1936*, S. 224–225, Wien 1936.

WIMMER, R.: Beitrag zum Aufbau der Landschaft rings um den Fuschlsee. – Verh. Geol. B.-A., *1937*, S. 241–243, Wien 1937.

WOLETZ, G.: Schwermineralvergesellschaftungen aus ostalpinen Sedimentationsbecken der Kreidezeit. (Mit 1 Abb. und 1 Tab.) – Geol. Rundschau, *56*, S. 308–320, Stuttgart 1967.

ZANKL, H.: Die Geologie der Torrener-Joch-Zone in den Berchtesgadener Alpen. (Mit 7 Abb.) – Zeitschr. Dt. Geol. Ges., *113*, S. 446–462, Hannover 1962.

ZANKL, H.: Zur mikrofaunistischen Charakteristik des Dachsteinkalkes (Nor/Rhät) mit Hilfe einer Lösungstechnik. (Mit 3 Taf.) – Verh. Geol. B.-A., Sonderheft *G*., S. 293–311, Wien 1965.

ZANKL, H.: Die Karbonatsedimente der Obertrias in den nördlichen Kalkalpen. (Mit 1 Abb.) – Geol. Rundschau, *56*, S. 128–139, Stuttgart 1967.

ZANKL, H.: Der Hohe Göll. Aufbau und Lebensbild eines Dachsteinkalk-Riffes in der Obertrias der nördlichen Kalkalpen. (Mit 74 Abb. und 15 Taf.) – Abh. Senckenberg. Naturforsch. Ges., *519*, S. 1–123, Frankfurt 1969.

ZANKL, H.: Upper Triassic Carbonate Facies in the Northern Limestone Alps in: Sedimentology of parts of Central Europe, Frankfurt 1971, 147–185.

ZAPFE, H.: Untersuchungen im obertriadischen Riff des Gosaukammes. Teil I; IV/V; VI; VIII. – Verh. Geol. B.-A., *1960*, S. 236–241; *1962*, S. 346–361; *1964*, S. 177–181; *1967*, S. 13–27, Wien 1960–1967.

ZAPFE, H.: Beiträge zur Paläontologie der nordalpinen Riffe. Ein Massenvorkommen von Gastropoden im Dachsteinkalk des Tennengebirges. – Ann. Naturhist. Mus., *65, 1961*, S. 57–69, Wien 1962.

ZAPFE, H.: Beiträge zur Paläontologie der nordalpinen Riffe. Zur Kenntnis des oberrhätischen Riffkalkes von Adnet, Salzburg. (Mit 1 Abb. und 3 Taf.) – Ann. Naturhist. Mus., *66*, S. 207–259, Wien 1963.

ZAPFE, H.: Beiträge zur Paläontologie der nordalpinen Riffe. Zur Kenntnis der Megalodontiden des Dachsteinkalkes im Dachsteingebiet und Tennengebirge. – Ann. Naturhist. Mus., *67*, S. 253–286, Wien 1964.

ZAPFE, H.: Das Mesozoikum in Österreich. (Mit 2 Tab.) – Mitt. Geol. Ges. in Wien, *56*, S. 361–399, Wien 1964.

ZAPFE, H.: Mesozoikum in Österreich, Mitt. Geol. Ges. Wien, 65, 1973, 171–216.

ZEIL, W. Zur Frage der Faltungszeiten in den deutschen Alpen. (Mit 1 Abb.) – Zeitschr. Dt. Geol. Ges., *113*, S. 359–366, Hannover 1962.

7. Grauwackenzone

AIGNER, F.: Die Kupferkiesbergbaue der Mitterberger Kupfer A.G. bei Bischofshofen. – Berg- und Hüttenmänn. Jahrb., *78*, S. 69–76; 79–104; 115–133, Wien 1930.

AIGNER, G.: Eine Graptolithenfauna aus der Grauwackenzone von Fieberbrunn in Tirol nebst Bemerkungen über die Grauwackenzone von Dienten. – Sitzber. Akad. d. Wiss., mathem.-naturwiss. Kl., Abt. *I*, *140*, S. 23–55, Wien 1931.

ANGEL, F.: Diabase und deren Abkömmlinge in den österreichischen Ostalpen. – Mitt. Naturwiss. Ver. Steiermark, *69*, S. 5–24, Graz 1932.

ANGEL, F.: Über die spilitisch-diabasische Gesteinssippe in der Grauwackenzone Nordtirols und des Pinzgaus. Mitt. Geol. Ges. in Wien, *48*, S. 1–15, Wien 1956.

BAUER, F.: Beiträge zur Geologie der Dientner Berge zwischen Dientner Bach und Grieser Graben. (Mit 1 Karte und 1 gef. Taf.) – Unveröff. Diss. Univ. Innsbruck, 97 Bl., Innsbruck 1962.

BERNHARD, J.: Die Mitterberger Kupfererzlagerstätte, Erzführung und Tektonik. (Mit 55 Abb.) – Jahrb. Geol. B.-A., *109*, S. 3–90. Wien 1966.

BERNHARD, J.: Exkursionsführer Mitterberg zur Tagung der Deutschen Mineralog. Ges., 1966, 8 S.

BECHTOLD, D., KLEBERGER, J., u. SCHRAMM, J. M.: Zur Metamorphose der Grauwackenzone in Salzburg (Österr.), Geol. paläont. Mitt. Innsbruck 10, 1981, 305–353.

BÖHNE, E.: Die Kupfererzgänge von Mitterberg in Salzburg. – Archiv f. Lagerstättenforschung, *49*, 106 S., Berlin 1931.

BRÜCKL u. SCHRAMM: Metamorphosestudien s. u. Nördl. Kalkalpen.

CORNELIUS, H. P.: Zur Einführung in die Probleme der nordalpinen Grauwackenzone. – Mitt. d. Reichsamts f. Bodenforschung, Zweigst. Wien, 2, S. 1–8, Wien 1941.

CORNELIUS, H. P.: Die Kontaktfläche Grauwackenzone–Kalkalpen – eine Reliefüberschiebung? – Ber. d. Reichsamts f. Bodenforschung, *1943*, S. 161–165, Wien 1943.

CORNELIUS, H. P.: Zur Paläogeographie und Tektonik des alpinen Paläozoikums. – Sitzber. Österr. Akad. d. Wiss., mathem.-naturwiss. Kl., Abt. *I, 159*, S. 281–290, Wien 1950.

COLINS, G., HOSCHEK, G., u. MOSTLER, H.: Geologische Entwicklung und Metamorphose im Westabschnitt der Nördlichen Grauwackenzone unter besonderer Berücksichtigung der Metabasite, Mitt. Öst. Geol. Ges. 71/72, Wien 1980, 343–378.

DIMOULAS, Geolog. Untersuchungen... s. u. Nördl. Kalkalpen.

EXNER, CH.: Geologie des Salzachtales zwischen Taxenbach und Lend, Jb. Geol. B.-A. 122, Wien 1979, 1–73.

FLÜGEL, H.: Das Paläozoikum in Österreich. (Mit 5 Abb. und 6 Tab.) – Mitt. Geol. Ges. in Wien, *56*, S. 401–443, Wien 1964.

FRIEDRICH, O., & PELTZMANN, I.: Magnesitvorkommen und Paläozoikum der Entachen-Alm im Pinzgau. (Mit 6 Abb.) – Verh. Geol. B.-A., *1937*, S. 245–253, Wien 1937.

GABL, G.: Geologische Untersuchungen in der westlichen Fortsetzung der Mitterberger Kupfererzlagerstätte. (Mit 4 Abb., 1 Taf. und 1 Karte.) – Archiv f. Lagerstättenforsch. in den Ostalpen, 2, S. 2–31, Leoben 1964.

GANSS, O.: Das Paläozoikum am Südrand des Dachsteins (Stratigraphie und variszische Faltung). (Mit 1 Karte und 2 Prof.) – Mitt. d. Reichsamts für Bodenforschung, Zweigstell. Wien, 2, S. 9–18, Wien 1941.

HAIDEN, A.: Über neue Silurversteinerungen in der nördlichen Grauwackenzone auf der Entachenalm bei Alm im Pinzgau. – Verh. Geol. B.-A., *1936*, S. 133–143, Wien 1936.

HAIDEN, A.: Über die Bausteinvorkommen des Ober- und Unterpinzgaues. – Geologie und Bauwesen, *17*, S. 126–142, Wien 1950.

HAMMER, W.: Beiträge zur Tektonik des Oberpinzgaues und der Kitzbühler Alpen. – Verh. Geol. B.-A., *1938*, S. 171–181, Wien 1938.

HEINISCH, H.: Zum ordovizischen „Porphyroid"-Vulkanismus der Ost- und Südalpen, Jb. Geol. B.-A. 124, Wien 1981, 1–109.

HEISSEL, W.: Die geologischen Verhältnisse am Westende des Mitterberger Kupfererzganges (Salzburg). (Mit 3 Taf.) – Jahrb. Geol. B.-A., *90, 1945*, S. 117–149, Wien 1947.

HEISSEL, W.: Aufnahmsberichte ... 1937–1958. – Verh. Geol. B.-A., *1938–1959*, Wien 1938–1959.

HEISSEL, W.: Grauwackenzone der Salzburger Alpen. – Verh. Geol. B.-A., Sonderheft *A*, S. 71–76, Wien 1951.

HEISSEL, W.: Grauwackenzone der Kitzbüheler Alpen. – Verh. Geol. B.-A., Sonderheft *A*, S. 110–111, Wien 1951.

HEISSEL, W.: Die grünen Werfener Schichten von Mitterberg (Salzburg). (Mit 1 Abb.) – Tsch. Min. u. Petr. Mitt., F. *3, 4*, S. 338–349, Wien 1954.

HEISSEL, W.: Die Großtektonik der westlichen Grauwackenzone und deren Vererzung, mit besonderem Bezug auf Mitterberg. – Erzmetall, *21*, S. 227–231, Stuttgart 1968.

HOSCHEK, ET AL.: Metamorphism... s. u. Nördl. Kalkalpen.

JONGMANS, W. J.: Paläobotanische Untersuchungen im österreichischen Karbon. – Berg- und Hüttenmänn. Mh., *86*, S. 97–104, Wien 1938.

KARL, F.: Das Gainfeldkonglomerat bei Bischofshofen (nördliche Grauwackenzone) und seine Beziehungen zu einigen Konglomeraten in den Tauern und in den Westalpen. – Anz. Österr. Akad. d. Wiss., mathem.-naturwiss. Kl., *90*, 5–8, Wien 1953.

KARL, F.: Anwendung gefügeanalytischer Arbeitsmethoden am Beispiel eines Bergbaues (Kupferbergbau Mitterberg, Salzburg). – N. Jahrb. f. Min., Abh. *85*, S. 203–246, Stuttgart 1953.

KARL, F.: Das Gainfeldkonglomerat, ein Tuffitkonglomerat aus der nördlichen Grauwackenzone (Salzburg). – Verh. Geol. B.-A., *1954*, S. 222–233, Wien 1954.

KLEBERGER, J., u. SCHRAMM, J. M.: Ein Metamorphosehiatus an der Salzach-Längstalstörung? Anz. m.-n. Kl. Öst. Akad. Wiss. 117, Wien 1980, 69–74.

KRALIK, Geochronologie... s. u. Nördl. Kalkalpen.

LEIN, Neue Ergebnisse... s. u. Nördl. Kalkalpen.

LEITMEIER, H., & SIEGL, W.: Untersuchungen an Magnesiten am Nordrand der Grauwackenzone Salzburgs und ihre Bedeutung für die Entstehung der Spatmagnesite der Ostalpen. – Berg- und Hüttenmänn. Mh., 99, S. 201–235, Wien 1954.

LOACKER, H.: Beiträge zur Geologie der Dientner Berge zwischen Zeller Furche und Grieser Graben. (Mit Karten.) – Unveröff. Diss. Univ. Innsbruck, 88 Bl., Innsbruck 1962.

MATZ, K. B.: Die Kupfererzlagerstätte Mitterberg (Mühlbach am Hochkönig, Salzburg). – Min. Mitt.-Bl. Joanneum, 1953, S. 7–19, Graz 1953.

MOSTLER, H.: Einige Bemerkungen zur Salzach-Längstalstörung und der sie begleitenden Gesteine. (Mit 1 Taf.) – Mitt. Ges. d. Geol. u. Bergbaustud., 14, S. 185–196, Wien 1964.

MOSTLER, H.: Conodonten in der westl. Grauwackenzone. – Verh. Geol. B.-A., 1964, S. 223–226, Wien 1964.

MOSTLER, H.: Bericht über stratigraphische Untersuchungen in der westlichen Grauwackenzone. – Anz. Österr. Akad. d. Wiss., mathem.-naturwiss. Kl., 102, S. 37–39, Wien 1965.

MOSTLER, H.: Conodonten aus der Magnesitlagerstätte Entachenalm. – Ber. Naturwiss.-Med. Ver. Innsbruck, 54, S. 21–31, Innsbruck 1966.

MOSTLER, H.: Bemerkungen zur Geologie der Ni-Co-Lagerstätte Nöckelberg bei Leogang (Salzburg). – Archiv f. Lagerstättenforsch. in den Ostalpen, 7, S. 32–45, Leoben 1967.

MOSTLER, H.: Das Silur im Westabschnitt der Nördlichen Grauwackenzone (Tirol und Salzburg). (Mit 41 Abb.) – Mitt. Ges. d. Geol.- u. Bergbaustud., 18, S. 89–150, Wien 1967.

MOSTLER, H.: Struktureller Wandel und Ursachen der Faziesdifferenzierung an der Ordoviz-Silur-Grenze in der Nördlichen Grauwackenzone (Österr.), Festschr. Geol. Inst. Univ. Innsbruck 1970, 507–522.

OHNESORGE, TH.: Aufnahmsberichte... 1924, 1925. – Verh. Geol. B.-A., 1925, 1926, Wien 1925 und 1926.

PELTZMANN, I.: Paläozoikum i. d. Grauwacke unterm Dachst. – Verh. Geol. B.-A., 1934, S. 88–89, Wien 1934.

PROEDROU, P.: Die Grenze Grauwackenzone-Kalkalpen in der Umgebung von Leogang (Salzburg). – Unveröff. Diss. Univ. Innsbruck 1969.

SCHÖNLAUB, H. P.: Das Paläozoikum in Österreich, Abh. Geol. B.-A. 33, Wien 1979.

SCHÖNLAUB, H. P.: Die Grauwackenzone in: Der geol. Aufbau Österr. Wien 1980.

SCHRAMM, Vorbericht..., Über die Verbreitung..., Bemerkungen... s. u. Nördl. Kalkalpen.

SIEGL, W.: Die Magnesite der Werfener Schichten im Raum Leogang bis Hochfilzen sowie bei Ellmau in Tirol. – Radex-Rundschau, 1964, S. 178–191, Radenthein 1964.

STERK, G.: Vererzte Pflanzenreste aus der Kupferlagerstätte Mühlbach/Hochkönig (Salzburg). – Berg- und Hüttenmänn. Mh., 100, S. 48–51, Wien 1954.

TOLLMANN, A.: Tabelle des Paläozoikums der Ostalpen. – Mitt. Ges. d. Geol.- u. Bergbaustud., 13, S. 213–228, Wien 1963.

TOLLMANN, A.: Geologie von Österreich I. Wien 1977.

TRAUTH, F.: Das Eozänvorkommen bei Radstadt im Pongau und seine Beziehungen zu den gleichalterigen Ablagerungen bei Kirchberg am Wechsel und Wimpassing am Leithagebirge. – Denkschr. Akad. d. Wiss., mathem.-naturwiss. Kl., 95, S. 171–278, Wien 1928.

TRAUTH, F.: Geologie der nördlichen Radstädter Tauern und ihres Vorlandes. 1. Teil. (Mit 5 geol. Karten); 2. Teil. (Mit 4 Textfig. und 4 geol. Profiltaf.) – Denkschr. Akad. d. Wiss., mathem.-naturwiss. Kl., 100, S. 101–212; 101, S. 29–65, Wien 1925 und 1927.

UNGER, H.: Geologische Untersuchungen im Bereich des Mitterberger Hauptganges. – Sympos. Internaz. sui Giamenti minerari delle Alpi, Trento 1966.

UNGER, H.: Geologische Untersuchungen im Kupferbergbau Mitterberg in Mühlbach/Hochkönig (Salzburg). – Unveröff. Diss. Univ. Innsbruck, 61 Bl., Innsbruck 1967.

WEBER, L., PAUSWEG, F., u. MEDWENITSCH, W.: Zur Mitterberger Kupfervererzung (Mühlbach/Hochkönig, Salzburg), Mitt. Geol. Ges. Wien 65, 1973, 137–158.

WINKLER-HERMADEN, A.: Tertiäre Ablagerungen und junge Landformen im Bereiche des Längstales der Enns. – Sitzber. Österr. Akad. d. Wiss., mathem.-naturwiss. Kl., Abt. I, 159, S. 255–280, Wien 1950.

8. Zentralzone im östlichen Lungau

AIGNER A.: Über tertiäre und diluviale Ablagerungen am Südfuße der Niederen Tauern. – Jahrb. Geol. B.-A., 74, S. 179–196, Wien 1924.

EXNER, CH.: Das Kristallin östlich der Katschbergzone, Mitt. Öst. Geol. Ges. 71/72, Wien 1980, 167–189.

FLÜGEL, H.: Die tektonische Stellung des „Alt-Kristallins" östlich der Hohen Tauern. – N. Jahrb. f. Geol. u. Pal., Mh. *1960*, S. 202–220, Stuttgart 1960.

FORMANEK, H. P.: Zur Geologie und Petrographie der nordwestlichen Schladminger Tauern. (Mit 2 Abb. und 3 Taf.) – Mitt. Ges. d. Geol. u. Bergbaustud., *14/15*, S. 9–80, Wien 1964.

HEINRICH, M.: Zur Geologie des Jungtertiärbeckens von Tamsweg mit kristalliner Umrahmung, Diss. Wien 1976.

HEINRICH, M.: Kohle in: Der geol. Aufbau Österr. Wien 1980, 548–554.

HERITSCH, F.: Geologie von Steiermark. (Mit 60 Fig. und 1 Karte.) – Mitt. d. Naturwiss. Ver. f. Stmk., *B, 57,* 224 S., Graz 1921.

HOLDHAUS, K.: Über den geologischen Bau des Königstuhlgebietes in Nordkärnten. – Mitt. Geol. Ges. in Wien, *15,* S. 326–327, Wien 1922.

MATURA, A.: Die Schladminger und Wölzer Tauern in: Der geol. Aufbau Österr. Wien 1980, 363–368.

PISTOTNIK, J.: Die westlichen Gurktaler Alpen (Nockgebiet) in: Der geol. Aufbau Österr. Wien 1980, 358–363.

PREY, S.: Aufnahmsbericht über das Blatt St. Michael (5151). – Verh. Geol. B.-A., *1938,* S. 63–64, Wien 1938.

PREY, S.: Aufnahmsbericht für 1938 über geologische Aufnahmen für eine Entwässerung des oberen Murtales im Lungau aus Blatt 5151. – Verh. Geol. B.-A., *1939,* S. 59–61, Wien 1939.

SCHEDL, A.: Geologische, geochemische und lagerstättenkundliche Untersuchungen im ostalpinen Altkristallin der Schladminger Tauern, Diss. Wien 1982.

SCHMIDEGG, O.: Aufnahmsbericht über Blatt Radstadt (5051). – Verh. Geol. B.-A., *1938,* S. 45–47, Wien 1938.

SCHÖNLAUB, H. P., u. ZEZULA, G.: Silur-Conodonten aus einer Phyllonitzone im Muralpen-Kristallin (Lungau, Salzburg), Verh. Geol. B.-A. Wien 1975, 253–269.

SCHWINNER, R.: Die Zentralzone der Ostalpen. In: F. X. SCHAFFER: Geologie von Österreich, S. 105–232, Wien: Deuticke 1951.

STOWASSER, H.: Zur Schichtfolge, Verbreitung und Tektonik des Stangalm-Mesozoikums. – Jahrb. Geol. B.-A., *99,* S. 75–199, Wien 1956.

THIELE, O.: Aufnahmsberichte… 1959, 1960. – Verh. Geol. B.-A., *1960, 1961,* Wien 1960 und 1961.

TOLLMANN, A.: Das Stangalm-Mesozoikum (Gurktaler Alpen). (Mit 2 Taf.) – Mitt. Ges. d. Geol.- u. Bergbaustud., *9,* S. 57–73, Wien 1958.

TOLLMANN, A.: Der Deckenbau der Ostalpen auf Grund der Neuuntersuchung des zentralalpinen Mesozoikums. (Mit 1 Taf.) – Mitt. Ges. d. Geol.- u. Bergbaustud., *10,* S. 3–62, Wien 1959.

TOLLMANN, A.: Beiträge zur Frage der Skyth-Anis-Grenze in der zentralalpinen Fazies der Ostalpen. (Mit 2 Abb. und 1 Taf.) – Verh. Geol. B.-A., *1968,* S. 28–45, Wien 1968.

TOLLMANN, A.: Geologie von Österreich I, Wien 1977.

TOLLMANN, A.: Jahresbericht über das Jahr 1977 in: Geolog. Tiefbau der Ostalpen, Wien 1978, 51–53.

TOLLMANN, A.: Tektonische Neuergebnisse aus den östlichen Zentralalpen, Mitt. Öst. Geol. Ges. 71/72, Wien1980, 191–200.

WINKLER-HERMADEN, A.: Die jungtertiären Ablagerungen an der Ostabdachung der Zentralalpen und das inneralpine Tertiär. (Mit 20 Abb.) In: F. X. SCHAFFER: Geologie von Österreich, S. 414–524, Wien: Deuticke 1951.

ZEZULA, G.: Die Lessacher Phyllitzone am Südrand der Schladminger Tauern (Lungau, Salzburg), Diss. Wien 1976.

9. Radstädter Tauern und Fortsetzungen

BISTRITSCHAN, K., & BRAUMÜLLER, E.: Die Geologie des Stollens Rauris-Kitzloch im Bereiche des Tauern-nordrandes (Salzburg). (Mit 1 geol. Karte und 4 Prof.) – Mitt. Geol. Ges. in Wien, *49, 1956,* S. 85–106, Wien 1958.

BLATTMANN, S.: Überblick über die Tektonik der Radstädter Tauern. – Zentralbl. f. Min., *1936, B,* S. 47–53, Stuttgart 1936.

BLATTMANN, S.: Deformationstypus der Radstädter Tauern. (Mit 1 Karte, 1 Profiltaf. und 8 Abb.) – Jahrb. Geol. B.-A., *87,* S. 207–234, Wien 1937.

CLAR, E.: Über Schichtfolge und Bau der südlichen Radstädter Tauern (Hochfeindgebiet). – Sitzber. Akad. d. Wiss., mathem.-naturwiss. Kl., Abt. *I, 146*, S. 249–316, Wien 1937.

CLAR, E.: Vom Baustil der Radstädter Tauern. – Mitt. Alpenl. Geol.Ver., *32, 1939*, S. 125–138, Wien 1940.

DEMMER, W.: Geologische Neuaufnahme in den westlichen Radstädter Tauern. (Mit Karte und 12 Profiltaf.) – Unveröff. Diss. Univ. Wien, 196 S., Wien 1962.

DIENER, C.: Einige Bemerkungen über die stratigraphische Stellung der Krimmler Schichten und über den Tauerngraben im Oberpinzgau. – Jahrb. k. k. Geol. R.-A., *50*, S. 383–392; Wien 1900.

EXNER, CH.: Geologische Beobachtungen in der Katschbergzone. (Mit 1 Karte und 14 Abb.) – Mitt. Geol. Vers., *35, 1942*, S. 49–106, Wien 1944.

FAUPL, P.: Zur räumlichen… s. u. Allgem. Darst.

FISCHER, H.: Der Wenns-Veitlehner-Kalk-Marmorzug. (Beitrag zur Geologie des Tauernnordrandes. – Verh. Geol. B.-A., *1955*, S. 187–197, Wien 1955.

FRASL, G.: Die beiden Sulzbachzungen (Oberpinzgau, Salzburg). (Mit 1 Abb. und 3 Taf.) – Jahrb. Geol. B.-A., *96*, S. 143–192, Wien 1953.

FRECH, F.: Geologie der Radstädter Tauern (mit Karte). – Geol. u. Paläont. Abh., *9*, (N. F. *5*), H. 1, S. 1–66, Jena 1901.

HÄUSLER, H.: Untersuchungen an Jura/Kreide-Brekzien der Hochfeinddecke (Unterostalpin der Radstädter Tauern in Salzburg) in: Die frühalpine Geschichte der Ostalpen 1, Leoben 1980, 128–132.

HÄUSLER, H.: Kurzbericht über sedimentologische Untersuchungen an Jura/Kreide-Brekzien der Radstädter Tauern in: Die frühalpine Geschichte der Ostalpen 2, Leoben 1981, 183–184.

HÄUSLER, H.: Vergleichende Untersuchungen an nachtriadischen Breccien des Unterostalpins in den Radstädter Tauern und Tarntaler Bergen (Salzburg – Tirol) in: Die frühalpine Geschichte der Ostalpen 3, Leoben 1982, 191–201.

HOLY, G.: Ein Beitrag zur Geologie des Kalkspitzgebietes in den Radstädter Tauern. – Unveröff. Diss. Univ. Wien, Wien 1939.

KOBER, L.: Bericht über die geotektonischen Untersuchungen im östlichen Tauernfenster und seiner weiteren Umrahmung. – Sitzber. k. Akad. d. Wiss., mathem.-naturwiss. Kl., Abt. *I, 121*, S. 425–459, Wien 1912.

KOBER, L.: Das östliche Tauernfenster. – Denkschr. Akad. d. Wiss., mathem.-naturwiss. Kl., *98*, S. 1–24, Wien 1924.

KOBER, L.: Der geologische Aufbau Österreichs. (Mit 20 Abb. und 1 Taf.) 204 S. – Wien: Springer 1938.

MEDWENITSCH, W.: Übersichtsbegehungen 1955 in den nördlichen Radstädter Tauern auf den Blättern 126/2 (Radstadt), 126/3 (Flachau) und 126/4 (Untertauern). – Verh. Geol. B.-A., *1956*, S. 65–69, Wien 1956.

MEDWENITSCH, W.: Aufnahmsberichte… 1956–1961. – Verh. Geol. B.-A., *1957–1962*, Wien 1957–1962.

MEDWENITSCH, W., & SCHLAGER, W.: Ostalpen-Übersichtsexkursion. – Mitt. Geol. Ges. in Wien, *57*, S. 57–106, Wien 1964.

MOSTLER, H.: Einige Bemerkungen zur Salzach-Längstalstörung und der sie begleitenden Gesteine. (Mit 1 Taf.) – Mitt. Ges. d. Geol.- u. Bergbaustud., *14*, S. 185–196, Wien 1964.

NOWOTNY, A.: Die Geologie des Katschberges und seiner Umgebung, Diss. Wien 1977.

OHNESORGE, TH.: Vorläufiger Bericht über geologische Untersuchungen um Wald und Krimml im Oberpinzgau. – Anz. Akad. d. Wiss., mathem.-naturwiss. Kl., *66*, S. 200–202, Wien 1929.

ROSSNER, R.: Neuere Vorstellungen und Probleme über den Bau der Radstädter Tauern, Zbl. Geol. Paläont. I., Stuttgart 1973/74, 708–756.

ROSSNER, R.: Gebirgsbau und alpidische Tektonik am Nordostrand des Tauernfensters (Nördl. Radst. Tauern, Österr.), Jb. Geol. B.-A. 122, Wien 1979, 251–383.

SCHEINER, H.: Geologie der Steirischen und Lungauer Kalkspitze. (Mit 7 Taf.) – Mitt. Ges. d. Geol.- u. Bergbaustud., *11*, S. 67–110, Wien 1960.

SCHMIDT, W.: Der Bau der westlichen Radstädter Tauern. (Mit 4 Taf.) – Denkschr. Akad. d. Wiss., mathem.-naturwiss. Kl., *99*, S. 309–339, Wien 1924.

SCHÖNLAUB, H. P., ET AL.: Das Altpaläozoikum des Katschberges und seiner Umgebung, Verh. Geol. B.-A. Wien 1976, 115–145.

SCHÖNLAUB Das Paläozoikum… s. u. Grauwackenzone.

SCHWINNER, R.: Zur Stratigraphie der Tarntaler und der Radstädter Berge. (Mit 2 Fig.) – Jahrb. Geol. B.-A., *85*, S. 51–80, Wien 1935.

STAUB, R.: Der Bau der Alpen. – Beiträge z. Geolog. Karte der Schweiz, *N. F. 52*, Bern 1924.

THALMANN, F.: Geologische Neuaufnahme der Riedingspitze und des Weissecks. (Mit 2 Abb.) – Verh. Geol. B.-A., *1962*, S. 340–346, Wien 1962.

THIELE, O.: Das Tauernfenster in: Der geolog. Aufbau Österr. Wien 1980, 300–314.

TOLLMANN, A.: Geologie der Pleisling-Gruppe (Radstädter Tauern). Vorbericht. – Verh. Geol. B.-A., *1956*, S. 146–164, Wien 1956.

TOLLMANN, A.: Aufnahmsberichte… Blatt Muhr (156)… 1955–1958. Verh. Geol. B.-A., *1956–1959*, Wien 1956–1959.

TOLLMANN, A.: Geologie der Mosermannlgruppe (Radstädter Tauern). (Mit 4 Taf. und 1 Textabb.) – Jahrb. Geol. B.-A., *101*, S. 79–116, Wien 1958.

TOLLMANN, A.: Semmering und Radstädter Tauern. Ein Vergleich in Schichtenfolge und Bau. (Mit 1 Taf.) – Mitt. Geol. Ges. in Wien, *50, 1957*, S. 325–354, Wien 1958.

TOLLMANN, A.: Der Twenger Wandzug. (Mit 1 Karte.) – Mitt. Geol. Ges. in Wien, *53*, S. 117–131, Wien 1961.

TOLLMANN, A.: Das Westende der Radstädter Tauern. (Mit 1 Karte.) – Mitt. Geol. Ges. in Wien, *55*, S. 85–126, Wien 1962.

TOLLMANN, A.: Der Baustil der tieferen tektonischen Einheiten im Tauernfenster und in seinem Rahmen. (Mit 1 Taf.) – Geol. Rundschau, *52*, S. 226–237, Stuttgart 1962.

TOLLMANN, A.: Radstädter Tauern. (Mit 1 Abb. und 1 Taf.) – Mitt. Geol. Ges. in Wien, *57*, S. 49–56, Wien 1964.

TOLLMANN, A.: Aufnahmsberichte… 1962, 1963, 1968. – Verh. Geol. B.-A., *1963, 1964, 1969*, Wien 1963, 1964 und 1969.

TOLLMANN, A.: Geologie von Österreich I, 1977.

TOLLMANN, A.: Geology and Tectonics of the Eastern Alps (Middle Sector) in: Outline of the Geology of Austria… (Abh. Geol. B.-A. 34), Wien 1980, 197–255.

TOLLMANN, A.: Tektonische Neuergebnisse… s. u. Östl. Zentralzone.

TRAUTH, F.: Geologie der nördlichen Radstädter Tauern und ihres Vorlandes. 1. Teil. (Mit 5 geol. Karten.) 2. Teil. (Mit 4 Textfig. und 4 geol. Profiltaf.) – Denkschr. Akad. d. Wiss., mathem.-naturwiss. Kl., *100*, S. 101–212; *101*, S. 29–65, Wien 1925 und 1927.

UHLIG, V., & BECKE, F.: Erster Bericht über petrographische und tektonische Untersuchungen im Hochalmmassiv und in den Radstädter Tauern. – Sitzber. k. Akad. d. Wiss., mathem.-naturwiss. Kl., Abt. *I, 115*, S. 1698–1737, Wien 1906.

UHLIG, V.: Zweiter Bericht über geotektonische Untersuchungen in den Radstädter Tauern. – Sitzber. k. Akad. d. Wiss., mathem.-naturwiss. Kl., Abt. *I, 117*, S. 1379–1422, Wien 1908.

10. Hohe Tauern

ALBER, J.: Seriengliederung, Metamorphose und Tektonik des Hocharngebietes (Rauristal, Salzburg), Diss. Wien. 1976.

ANGEL, F., & HERITSCH, F.: Das Alter der Zentralgneise in den Hohen Tauern. – Centralbl. f. Min., *1931, B*, S. 516–527, Stuttgart 1931.

ANGEL, F., & STABER, R.: Migmatite der Hochalm-Ankogel-Gruppe (Hohe Tauern). – Min. u. Petr. Mitt., *49*, S. 117–167, Leipzig 1932.

ANGEL, F., & STABER, R.: Gesteinswelt und Bau der Hochalm-Ankogel-Gruppe. (Mit 1 geol. Karte.) – Wiss. Alpenvereinshefte, *13*, 112 S., Innsbruck 1952.

ASCHER, H., & POWONDRA, K.: Über geologisch-technische Erfahrungen beim Bau des Stubachwerkes. (Mit 22 Abb. und 9 Taf.) – Jahrb. Geol. B.-A., *80*, S. 216–308, Wien 1930.

ASCHER, H.: Weitere Beiträge zur Geologie des Stubachtales. – Jahrb. Geol. B.-A., *82*, S. 103–125, Wien 1932.

ASCHER, H.: Die geologischen Gründe für die Wahl der Gewölbemauer bei der Limbergsperre Kaprun. – Österr. Wasserwirtschaft, *2*, S. 219–226, Wien 1950.

ASCHER, H.: Die geologischen Verhältnisse an der Limbergsperre. In: Festschrift „Die Hauptstufe Glockner–Kaprun", S. 37–41, Zell am See 1951.

BECKE, F.: Olivinfels und Antigoritserpentin aus dem Stubachtal (Hohe Tauern). – Tsch. Min. u. Petr. Mitt., *14*, S. 271–276, Wien 1895.

BECKE, F.: Bericht über die Aufnahmen an Nord- und Ostrand des Hochalmmassivs. – Sitzber. k. Akad. d. Wiss., mathem.-naturwiss. Kl., Abt. *I, 117*, S. 371–404, Wien 1908.

BECKE, F.: Mineralbestand und Struktur der kristallinen Schiefer. – Denkschr. k. Akad. d. Wiss., mathem.-naturwiss. Kl., *75*, S. 1–229, Wien 1913.

BESANG, C., HARRE, W., KARL, F., KREUZER, H., LENZ, H., MÜLLER, P., & WENDT, I.: Radiometrische Altersbestimmungen (Rb/Sr und K/Ar) an Gesteinen des Venediger-Gebietes (Hohe Tauern, Österreich). (Mit 1 Abb., 4 Tab. und 1 Taf.) – Geol. Jahrb., *86*, S. 835–844, Hannover 1968.

BICKLE, M. J., &. PEARCE, J. A.: Ozeanic Mafic Rocks in the Eastern Alps, Contrib. Min. Petr. 49, 1975, 177–189.

BISTRITSCHAN, K., & BRAUMÜLLER, E.: Die Geologie des Stollens Rauris-Kitzloch im Bereiche des Tauernnordrandes (Salzburg). (Mit 1 geol. Karte und 4 Prof.) – Mitt. Geol. Ges. in Wien, *49, 1956*, S. 85–106, Wien 1958.

BISTRITSCHAN, K.: Die Geologie des Stollens Schneiderau-Wirtenbach im Stubachtal (Hohe Tauern). (Mit 1 Taf.) – Skizzen zum Antlitz der Erde. KOBER-Festschrift, S. 323–328, Wien: Hollinek 1953.

BOROWICKA, H.: Versuch einer stratigraphischen Gliederung des Dolomit-Kalk-Marmorzuges zwischen Dietelsbach und Mühlbachtal (Oberpinzgau, Salzburg). – Unveröff. Arb. am Geol. Inst. Univ. Wien, Wien 1966.

BRANDECKER, H., &. VOGELTANZ, R.: Baugeologie des Bauloses „Klamm", Gasteiner Bundesstraße (Salzburg). – Mitt. Abt. Geol. Paläont. Bergb. Landesmus. Joanneum, H. 35, Graz 1975, 27–44.

BRAUMÜLLER, E.: Der Tauernnordrand zwischen dem Fuscher- und Rauristal. – Anz. Akad. d. Wiss., mathem.-naturwiss. Kl., *73*, S. 100–105, Wien 1936.

BRAUMÜLLER, E.: Aufnahmsbericht über Blatt St. Johann im Pongau. – Verh. Geol. B.-A., *1938*, S. 53–57, Wien 1938.

BRAUMÜLLER, E.: Der Nordrand des Tauernfensters zwischen dem Fuscher- und Rauristal. – Mitt. Geol. Ges. in Wien, *30/31, 1937/1938*, S. 37–150, Wien 1939.

BRAUMÜLLER, E., & PREY, S.: Zur Tektonik der mittleren Hohen Tauern. (Mit 4 Abb.) – Ber. d. Reichsamts für Bodenforsch., *1943*, S. 113–140, Wien 1943.

CANAVAL, R.: Die Erzvorkommen nächst der Großglockner-Hochalpenstraße. – Berg- und Hüttenmänn. Jahrb., *74*, S. 22–27, Wien 1926.

CANAVAL, R.: Das Goldfeld der Ostalpen und seine Bedeutung für die Gegenwart. – Berg- und Hüttenmänn. Jahrb., *81*, S. 146–156, Wien 1933.

CLAR, E.: Vorbericht über geologische Aufnahmen in der Glocknergruppe. – Verh. Geol. *1930*, S. 121–126, Wien 1930.

CLAR, E.: Zweiter Vorbericht über geologische Aufnahmen in der Glocknergruppe. – Verh. Geol. B.-A., *1931*, S. 107–110, Wien 1931.

CLAR, E.: Modereckdecke oder Rote Wandgneisdecke. – Verh. Geol. B.-A., *1932*, S. 153–157, Wien 1932.

CLAR, E., & CORNELIUS, H. P.: Die Großglockner-Hochalpenstraße. Führer zu den Quartärexkursionen in Österreich, *II*. Teil, S. 11–20, Wien: Geol. B.-A. 1936.

CLAR, E.: Die geologische Karte des Glocknergebietes. Zum Gedenken an Dr. H. P. CORNELIUS. – Karinthin *1950*, S. 168–171, Knappenberg 1950.

CLAR, E.: Über die Herkunft der ostalpinen Vererzung. – Geol. Rundschau, *42*, S. 107–127, Stuttgart 1953.

CLAR, E.: Zur Einfügung der Hohen Tauern in den Ostalpenbau. – Verh. Geol. B.-A., *1953*, S. 93–104, Wien 1953.

CLAR, E.: Gesteinswelt und geologischer Bau längs der Großglockner-Hochalpenstraße. (Mit 1 Taf.) – Carinthia II, *63*, S. 176–184, Klagenfurt 1953.

CLAR, E., & HORNINGER, G.: Übersichtsexkursion Baugeologie. – Mitt. Geol. Ges. in Wien, *57*, S. 107–145, Wien 1964.

CLIFF, R. A.: The ages of tonalites in the south-east Tauernfenster (Austrian Alps). – N. Jahrb. f. Geol. u. Pal., Mh. *1968*, S. 655–663, Stuttgart 1968.

CLIFF, R. A., ET AL.: Structural, Metamorphic and Geochronical Studies in the Reisseck and Southern Ankogel Groups, the Eastern Alps, Jb. Geol. B.-A. 114, Wien 1971, 121–272.

CLIFF, R. A.: Rb-Sr-Isotopic Measurements on Granite-Gneisses from the Granatspitzkern, Hohe Tauern, Austria, Verh. Geol. B.-A. Wien 1977, 101–104.

CLIFF, R. A.: Pre-Alpine History of the Pennine Zone in the Tauern Window, Austria: U-Pb and Rb-Sr-Geochronology, Contrib. Min. Petr. 77, 1981, 262–266.

CORNELIUS, H. P.: Aufnahmsberichte… 1929–1938, (3. und 4. Vorbericht gemeinsam mit E. CLAR). – Verh. Geol. B.-A., *1930–1939*, Wien 1930–1939.

CORNELIUS, H. P.: Zur Deutung gefüllter Feldspäte. – Schweiz. Min. u. Petr. Mitt., *15*, S. 4–30, Zürich 1935.

CORNELIUS, H. P.: Zur Geologie von Lützelstubach, Hohe Tauern. Vorläufige Mitteilung. – Verh. Geol. B.-A., *1935*, S. 145–147, Wien 1935.

CORNELIUS, H. P., & CLAR, E.: Geologie des Großglocknergebietes. Teil I. (Mit 80 Abb., 2 Taf. und 1 geol. Karte.) – Abh. d. Reichsstelle f. Bodenforsch., Zweigst. Wien, *25, 1*, 305 S., Wien 1939.

CORNELIUS, H. P.: Zur magmatischen Tätigkeit der alpidischen Geosynklinale. – Ber. d. Reichsamts f. Bodenforsch., *1941*, S. 89–94, Wien 1941.

CORNELIUS, H. P.: Zur Geologie des oberen Felber und Matreier Tauerntales und zur Altersfrage der Tauernzentralgneise. – Ber. d. Reichsamts f. Bodenforsch., *1941*, S. 14–20, Wien 1941.

CORNELIUS, H. P.: Geologisches über die Granatspitzgruppe. – Zeitschr. Dt. A.-V., *73*, S. 61–68, München 1942.

CORNELIUS, H. P.: Neuere Erfahrungen über die Gesteinsmetamorphose in den Hohen Tauern. – Min. u. Petr. Mitt., *N. F. 54*, S. 178–182, Leipzig 1942.

CORNELIUS, H. P.: Zur Deutung der hellen Pseudomorphosen in Prasiniten der Hohen Tauern. – Ber. d. Reichsamts f. Bodenforsch., *1942*, S. 101–103, Wien 1942.

CORNELIUS, H. P.: Beobachtungen am Nordostende der Habachzunge (Venedigermassiv, Hohe Tauern). Vorläufige Mitteilung. (Mit 1 Karte.) – Ber. d. Reichsamts f. Bodenforsch., *1944*, S. 25–31, Wien 1944.

CORNELIUS, H. P.: Vorläufiger Bericht über geologische Untersuchungen im Gebiete der Großvenediger-gruppe. – Anz. Österr. Akad. d. Wiss., mathem.-naturwiss. Kl., *86*, S. 223–224, Wien 1949.

DAMM, B., & SIMON, W.: Das Tauerngold. (Mit 14 Abb.) – Der Aufschluß, Sh. *15*, S. 98–119, Heidelberg 1966.

DEL-NEGRO, W.: Zum Streit über die Tektonik der Ostalpen. – Zeitschr. d. Deutschen Geol. Ges. *93*, S. 34–40, Berlin 1941.

DEL-NEGRO, W.: Bericht über einige neuere Tauernarbeiten. – Mitt. d. naturwiss. Arb.-Gem. *5*, S. 47–53, Salzburg 1954.

DEL-NEGRO, W.: Die Tauerntagung der österreichischen Geologen in Bruck an der Glocknerstraße. 4–10. September 1961. (Mit 1 Abb.) – Mitt. d. naturwiss. Arb-Gem. *13*, S. 14–24, Salzburg 1962.

EXNER, CH.: Das Ostende der Hohen Tauern zwischen Mur- und Maltatal. Teil I. – Jahrb. Geol. B.-A., *89*, S. 285–314, Wien 1939.

EXNER, CH.: Das Ostende der Hohen Tauern zwischen Mur- und Maltatal. Teil II. – Mitt. d. Reichsstelle f. Bodenforsch., Zweigst. Wien, *I*, S. 241–310, Wien 1940.

EXNER, CH.: Das Gneisproblem in den östlichen Hohen Tauern. – Tsch. Min. u. Petr. Mitt., *F. 3, 1*, S. 82–87, Wien 1948.

EXNER, CH.: Tektonik, Feldspatausbildung und deren gegenseitige Beziehung in den östlichen Hohen Tauern. (Mit 21 Abb.) – Tsch. Min. u. Petr. Mitt., *F. 3, 1*, S. 197–284, Wien 1949.

EXNER, CH.: Mallnitzer Rollfalte und Stirnfront des Sonnblickgneiskernes. (Mit 4 Abb.) – Jahrb. Geol. B.-A., *93, 1948*, S. 57–81, Wien 1949.

EXNER, CH.: Das geologisch-petrographische Profil des Siglitz-Unterbaustollens zwischen Gastein- und Rauristal. – Sitzber. Österr. Akad. d. Wiss., mathem.-naturwiss. Kl., Abt. *I, 158*, S. 375–420, Wien 1949.

EXNER, CH.: Die geologische Position des Radhausberg-Unterbaustollens bei Badgastein. (Mit 16 Textabb.) – Berg- und Hüttenmänn. Mh., *95*, S. 92–102; 115–126, Wien 1950.

EXNER, CH.: Mikroklinporphyroblasten mit helizitischen Einschlußzügen bei Badgastein. – Tsch. Min. u. Petr. Mitt., *F. 3, 2*, S. 355–374, Wien 1951.

EXNER, CH., & POHL, E.: Granosyenitischer Gneis und Gesteins-Radioaktivität bei Badgastein. (Mit 5 Abb.) – Jahrb. Geol. B.-A., *94, 1949/1951, 2*, S. 1–75, Wien 1951.

EXNER, CH.: Der rezente Sial-Tiefenwulst unter den östlichen Hohen Tauern. (Mit 3 Fig.) – Mitt. Geol. Ges. in Wien, *39/41, 1946/1948*, S. 75–84, Wien 1951.

EXNER, CH., & PREY, S.: Tauernfenster (Gastein–Mallnitz). (Mit Taf. XIII und XIV.) – Verh. Geol. B.-A., Sonderheft *A*, S. 76–88, Wien 1951.

EXNER, CH.: Geologische Probleme der Hohen Tauern. – Verh. Geol. B.-A., Sonderheft *C*, S. 86–94, Wien 1952.

EXNER, CH.: Zum Zentralgneis-Problem der östlichen Hohen Tauern. – Radex-Rundschau, *1953*, S. 417–433, Radenthein 1953.

EXNER, CH.: Die Südost-Ecke des Tauernfensters bei Spittal an der Drau. (Mit 3 Taf.) – Jahrb. Geol. B.-A., *97*, S. 17–38, Wien 1954.

EXNER, CH.: Erläuterungen zur geologischen Karte der Umgebung von Gastein 1:50.000. (Mit 8 Taf. und 8 Abb.) 168 S. – Wien: Geol. B.-A. 1957.

EXNER, CH.: Aufnahmsberichte... 1949–1968. – Verh. Geol. B.-A., *1950/51–1969,* Wien 1950–1969.

EXNER, CH.: Lineation und Faltung im Forellengneis (Hohe Tauern). – Karinthin, *42,* S. 146–148, Knappenberg 1961.

EXNER, CH.: Bericht über eine Vergleichsexkursion im Venedigerkern. – Verh. Geol. B.-A., *1961,* S. 56–59, Wien 1961.

EXNER, CH.: Structures anciennes et récentes dans les Gneiss polymetamorphiques de la Zone pennique des Hohe Tauern. – Livre Mém. P. Fallot, *2,* S. 503–515, Paris 1963.

EXNER, CH.: Sonnblickgruppe (östlich Hohe Tauern). – Mitt. Geol. Ges. in Wien, *57,* S. 33–48, Wien 1964.

EXNER, CH.: Erläuterungen zur geologischen Karte der Sonnblickgruppe 1:50.000. (Mit 8 Abb., 1 Tab. und 8 Taf.) 170 S. – Wien: Geol. B.-A. 1964.

EXNER, CH.: Die Geologie des Thermalstollens und seiner Umgebung. (Mit 4 Abb.) In: Der Thermalstollen von Badgastein-Böckstein, S. 85–98. – Forschungen und Forscher der Tiroler Ärzteschule, *5,* Innsbruck 1965.

EXNER, CH.: Staurolith und Polymetamorphose im Umkreis der östlichen Hohen Tauern. – Verh. Geol. B.-A., *1967,* S. 98–108, Wien 1967.

EXNER, CH.: Geologie der peripheren Hafnergruppe (Hohe Tauern), Jb. Geol. B.-A. 114, Wien 1971, 1–119.

EXNER, CH.: Fortschritte der geologischen Forschung im Tauernfenster (Österreich und Italien), Jb. Geol. Paläont. I, Stuttgart 1973/74, 5, 323–346, 6, 187–210.

EXNER, CH.: Geologie des Salzachtales... s. u. Grauwackenzone.

EXNER, CH.: Geologie der Hohen Tauern bei Gmünd in Kärnten, Jb. Geol. B.-A. 123, Wien 1980, 343–410.

FINGER, F., & HÖCK, V.: Die Grüngesteine von Karteis (Großarltal, Hohe Tauern) – Ein Typprofil des Grüngesteinszuges Zederhaustal–Großarltal–Rauristal in: Die frühalpine Geschichte der Ostalpen 3, Leoben 1982, 39–54.

FISCH, W.: Zur Geologie der Gasteiner Klamm bei Lend (Österreich). (Mit 1 Abb.) – Eclogae Geologicae Helvetiae, *25,* S. 131–138, Basel 1932.

FISCHER, H.: Beitrag zur Geologie des Tauernnordrandes zwischen Stubach- und Habachtal. (Mit 6 Beil.) – Unveröff. Diss. Univ. Wien, 170 S., Wien 1948.

FISCHER, H.: Zur Geologie zwischen dem Stubachtal und dem Habachtal. (Mit 1 Abb.) – Verh. Geol. B.-A., *1947,* S. 134–139, Wien 1949.

FISCHER, H.: Der Wenns-Veitlehner-Kalk-Marmorzug. (Beitrag zur Geologie des Tauernnordrandes) – Verh. Geol. B.-A., *1955,* S. 187–197, Wien 1955.

FRANK, W.: Zur Geologie des Guggernbachtales (= Lützelstubachtal, mittlere Hohe Tauern). – Unveröff. Diss. Univ. Wien, 188 S., Wien 1965.

FRANK, W.: Neue Forschungen im Umkreis der Glocknergruppe. (Mit 3 Abb. und 1 Tab.) – Wiss. Alpenvereinshefte, *21,* S. 95–111 und 8 S. Lit.-Verz., Innsbruck: Wagner 1969.

FRASL, G.: Die beiden Sulzbachzungen (Oberpinzgau, Salzburg). (Mit 1 Abb. und 3 Taf.) – Jahrb. Geol. B.-A., *96,* S. 143–192, Wien 1953.

FRASL, G., & HEISSEL, W.: Über die Fossilfunde in den Fuscher Phylliten. – Verh. Geol. B.-A., *1953,* S. 150–151, Wien 1953.

FRASL, G.: Ein Porphyrgneis mit Orthoklaseinsprenglingen aus dem Habachtal. – Anz. Österr. Akad. d. Wiss., mathem.-naturwiss. Kl., *90,* S. 23–26, Wien 1953.

FRASL, G.: Anzeichen schmelzflüssigen und hochtemperierten Wachstums an den großen Kalifeldspaten einiger Porphyrgranite, Porphyrgranitgneise und Augengneise Österreichs. (Mit 3 Abb. und 2 Taf.) – Jahrb. Geol. B.-A., *97,* S. 71–132, Wien 1954.

FRASL, G.: Der heutige Stand der Zentralgneisforschung in den Ostalpen. Vortrag. – Min. Mitt. Bl. Joanneum, *1957,* S. 41–64, Graz 1957.

FSRASL, G.: Zur Seriengliederung der Schieferhülle in den mittleren Hohen Tauern. (Mit 1 Taf. und 4 Abb.) – Jahrb. Geol. B.-A., *101,* S. 323–472, Wien 1958.

FRASL, G., & FRASL, E.: Aufnahmsberichte... 1952–1958. – Verh. Geol. B.-A., *1953–1959,* Wien 1953–1959.

FRASL, G.: Zum Stoffhaushalt im epi- bis mesozonalen Pennin der mittleren Hohen Tauern während der alpidischen Orogenese. (Mit 2 Abb.) – Geol. Rundschau, *50,* S. 192–203, Stuttgart 1960.

FRASL, G., & FRANK, W.: Mittl. Hohe Tauern. (Mit 1 Taf.) – Mitt. Geol. Ges. in Wien, *57,* S. 17–31, Wien 1964.

FRASL, G., & FRANK, W.: Einführung in die Geologie und Petrographie des Penninikums im Tauernfenster mit besonderer Berücksichtigung des Mittelabschnittes im Oberpinzgau. (Mit 3 Abb. und 2 Taf.) – Der Aufschluß, Sh. *15,* S. 30–58, Heidelberg 1966.

FRASL, G.: Glimmermetamorphosen nach Cordierit im Zentralgneis des Granatspitzkernes, Hohe Tauern. – Min. Mitt.-Bl. Joanneum, *1967*, S. 11–17, Graz 1967.

FRASL, G., & FRANK, W.: Panorama von der Edelweißspitze der Glockner-Hochalpenstraße. In: Wiss. Alpenvereinshefte, *21*, Innsbruck: Wagner 1969.

FRASL, G., &. HÖCK, V.: Frühalpine Ereignisse und deren paläogeographische Verbreitung im penninischen Faziesgebiet der mittleren und östlichen Hohen Tauern in: Die frühalpine Geschichte der Ostalpen 1, Leoben 1980, 49–50.

FRISCH, W.: Die stratigraphisch-tektonische Gliederung der Schieferhülle und die Entwicklung des penninischen Raumes im westlichen Tauernfenster (Gebiet Brenner–Gerlospaß), Mitt. Geol. Ges. Wien 66/67, 1974, 9–20.

FRISCH, W.: Hochstegenfazies und Grestener Fazies – ein Vergleich des Jura, N. Jb. Geol. Paläont. Stuttgart Mh. 1975/2, 82–90.

FRISCH, W.: Ein Modell zur alpidischen Evolution und Orogenese des Tauernfensters, Geol. Rdsch. 65, Stuttgart 1976, 375–393.

FRISCH, W.: Die Alpen im westmediterranen Orogen – eine plattentektonische Rekonstruktion, Mitt. Ges. Geol. Bergb. Stud. Öst. 24, Wien 1977, 263–275.

FRISCH, W.: Plate motions... s. u. Allgem. Darst.

FRISCH, W.: Post-Herzynian formations of the Western Tauern window: Sedimentological features, depositional environment, and age, Mitt. Öst. Geol. Ges. 71/72, Wien 1980, 49–63.

FRISCH, W.: Tectonics of the western Tauern window, ebenda 65–71.

FRISCH, W.: Die Entwicklung des südpenninischen Raumes und seiner Kontinentalränder während des Mesozoikums und der altalpidischen Orogenese in: Die frühalpine Geschichte der Ostalpen 1, Leoben 1980, 111–117.

FRISCH, W., &. POPP, F.: Die Fortsetzung der „Nordrahmenzone" im Westteil des Tauernfensters in: Die frühalpine Geschichte der Ostalpen 2, Leoben 1981, 139–148.

FUCHS, G.: Beitrag zur Kenntnis der Geologie des Gebietes Granatspitze–Großvenediger (Hohe Tauern). (Mit 4 Taf.) – Jahrb. Geol. B.-A., *101*, S. 201–248, Wien 1958.

FUCHS, G.: Über ein pyroklastisches Gestein aus der Granatspitzhülle (Hohe Tauern). – Verh. Geol. B.-A., *1959*, S. 145–147, Wien 1959.

FUCHS, G.: Zur tektonischen Stellung der mittleren Hohen Tauern. (Mit 1 Abb.) – Verh. Geol. B.-A., *1962*, S. 81–96, Wien 1962.

HAMMER, W.: Aufnahmsberichte... 1933, 1934. – Verh. Geol. B.-A., *1934, 1935*, Wien 1934 und 1935.

HAMMER, W.: Der Tauernnordrand zwischen Habach- und Hollersbachtal. (Mit 4 Fig.) – Jahrb. Geol. B.-A., *85*, S. 1–20, Wien 1935.

HAMMER, W.: Der Nordrand des Zentralgneises im Bereich des Gerlostals, Tirol. (Mit 9 Fig.) – Jahrb. Geol. B.-A., *86*, S. 265–302, Wien 1936.

HAMMER, W.: Bemerkungen zur geologischen Spezialkarte Blatt Kitzbühel–Zell am See. – Verh. Geol. B.-A., *1937*, S. 99–108, Wien 1937.

HAMMER, W.: Beiträge zur Tektonik des Oberpinzgaues und der Kitzbüheler Alpen. – Verh. Geol. B.-A., *1938*, S. 171–181, Wien 1938.

HAMMER, W.: Zur Gliederung des Zentralgneises im Oberpinzgau. – Mitt. d. Reichsstelle f. Bodenforsch., Zweigst. Wien, *I*, S. 139–143, Wien 1940.

HAKESWORTH, ET AL.: Plate tectonics... s. u. Allgem. Darst.

HEISSEL, W.: Das Salzachtal und seine Nebentäler. Der Oberlauf bis Golling. Geol. Beschreibung. – In: Österr. Wasserkraftkataster.

HERITSCH, F.: Fortschritte in der Kenntnis des geologischen Baues der Zentralalpen östlich vom Brenner. Teil I. Die Hohen Tauern. – Geol. Rundschau, 3, S. 172–194, Berlin 1912.

HERITSCH, F.: Fossilien aus der Schieferhülle der Hohen Tauern. – Verh. Geol. B.-A., *1919*, S. 155–160, Wien 1919.

HIESSLEITNER, G.: Eine metamorphe Eisenerzlagerstätte im Venedigergebiet. – Berg- und Hüttenmänn. Mh., *95*, S. 132–141, Wien 1950.

HLAWATSCH, C.: Ein neues Apatit- und Magnesitvorkommen von den Totenköpfen im Stubachtal. – Tsch. Min. u. Petr. Mitt., *41*, S. 481, Wien 1931.

HÖCK, V.: Die Bedeutung der basischen Metavulkanite für die Metamorphose und Baugeschichte der mittleren Hohen Tauern in: Der geol. Tiefbau der Ostalpen 3, Wien 1976, 26–35.

Höck, V.: Distribution maps of minerals of the alpine Metamorphism in the Penninic Tauern Window, Austria, Mitt. Öst. Geol. Ges. 71/72, Wien 1980, 119–127.

Höck, V.: Ophiolites in the Middle Part of the Hohe Tauern, Ofioliti 1980, 5, 57–64.

Höck, V.: Ultrabasische Gesteine der mesozoischen Bündnerschieferserie in den mittleren Hohen Tauern in: Die frühalpine Geschichte der Ostalpen 2, Leoben 1981, 71–80.

Höck, V.: Ophiolitic and Non-Ophiolitic Metabasic Rocks in the Penninic Zone of the Hohe Tauern (Eastern Alps, Austria), Ofioliti 1981, 6, 23.

Höck, V., &. Miller, Ch.: Chemistry of Mesozoic Metabasites in the Middle and Eastern Part of the Hohe Tauern, Mitt. Öst. Geol. Ges. 71/72, Wien 1980, 81–88.

Höck, V., &. Zimmerer, F.: Zur Kenntnis der Metamorphose der Prasinite in den mittleren Hohen Tauern, Salzburg in: Der geol. Tiefbau der Ostalpen 5, Wien 1978, 32–40.

Hödl, A.: Über Chlorite der Ostalpen. – N. Jahrb. f. Min., Beil.-Bd. *77, A,* S. 1–77, Stuttgart 1942.

Holzer, H.: Der Nordrand des Tauernfensters zwischen dem Stubach- und Dietelsbachtal. – Mitt. Ges. d. Geol.- u. Bergbaustud., *1, 3,* S. 1–30, Wien 1949.

Holzer, H.: Der Nordrand des Tauernfensters zwischen dem Stubach- und Dietelsbachtal. – (1 Karte und 5 Beil.) – Unveröff. Diss. Univ. Wien, 103 S., Wien 1949.

Holzer, H.: Bemerkungen zu dem Artikel von A. Haiden: Über die Baugesteinsvorkommen des Ober- und Unterpinzgaues. – Geologie und Bauwesen, *18,* S. 112–114, Wien 1951.

Holzer, H.: Über geologische Untersuchungen am Westrand der Granatspitzgruppe (Hohe Tauern). – Sitzber. Österr. Akad. d. Wiss., mathem.-naturwiss. Kl., Abt. *I, 161,* S. 185–192, Wien 1952.

Holzer, H.: Über die phyllitischen Gesteine des Pinzgaues. – Verh. Geol. B.-A., *1953,* S. 115–121, Wien 1953.

Holzer, H.: Aufnahmen 1952 auf Blatt Großglockner (153). – Verh. Geol. B.-A., *1953,* S. 35–37, Wien 1953.

Horninger, G.: Beobachtungen am Fels der Limbergsperre. – Österr. Wasserwirtschaft, *3,* S. 114–119; S. 156–167, Wien 1951.

Horninger, G.: Die geologischen Voraussetzungen für die Dichtung des Untergrundes der Limbergsperre der Kraftwerksanlage Kaprun-Hauptstufe. In: Festschrift „Die Hauptstufe Glockner–Kaprun", S. 125–128, Zell am See 1951.

Horninger, G.: Kleine Beobachtungen am Kalkglimmerschiefer. – Karinthin, *23,* S. 268–270, Knappenberg 1953.

Horninger, G.: Manganminerale vom Mooserboden bei Kaprun. – Tsch. Min. u. Petr. Mitt., *F. 3, 5,* S. 48–69, Wien 1954.

Horninger, G.: Geologische Ergebnisse bei einigen Kraftwerksbauten. – Verh. Geol. B.-A., *1956,* S. 114–118, Wien 1956.

Horninger, G.: Geologische Ergebnisse bei einigen Kraftwerksbauten. Salzachstufe I. – Verh. Geol. B.-A., *1958,* S. 282–283, Wien 1958.

Horninger, G.: Geologische Ergebnisse bei einigen Kraftwerksbauten. Salzachstufe I. – Verh. Geol. B.-A., *1959,* S. A 112–A 115, Wien 1959.

Horninger, G.: Notizen zum geologischen Plan der Aufstandsfläche der Drossensperre, Kaprun. – Mitt. Ges. d. Geol.- u. Bergbaustud., *18,* S. 379–400, Wien 1968.

Hoschek, G.: Nachweis und Bildungsbedingungen der frühalpidischen Metamorphose in den westlichen Hohen Tauern in: Die frühalpine Geschichte der Ostalpen 1, Leoben 1980, 39–42.

Hottinger, A.: Über geologische Untersuchungen in den zentralen Hohen Tauern. (Mit 6 Fig.) – Eclogae Geologicae Helvetiae, *24,* S. 167–190, Basel 1931.

Hottinger, A.: Zur Geologie des Nordrandes des Tauernfensters in den zentralen Hohen Tauern. – Eclogae Geologicae Helvetiae, *27,* S. 11–23, Basel 1934.

Hottinger, A.: Geologie der Gebirge zwischen der Sonnblick-Hocharngruppe und dem Salzachtal in den östlichen Hohen Tauern. (Mit 9 Abb. und 3 Taf.) – Eclogae Geologicae Helvetiae, *28,* S. 249–368, Basel 1935.

Hussak, E.: Über einige alpine Serpentine. – Tsch. Min. u. Petr. Mitt., *5,* S. 61–81, Wien 1883.

Jäger, E.: Das Alter von Graniten und Gneisen. – Tsch. Min. u. Petr. Mitt., *F. 3, 11,* S. 303–315, Wien 1960.

Karl, F.: Der derzeitige Stand B-achsialer Gefügeanalysen in den Ostalpen. (Mit 1 Abb. und 1 Taf.) – Jahrb. Geol. B.-A., *97,* S. 133–152, Wien 1954.

Karl, F.: Eine Arbeitshypothese als Beitrag zum Zentralgneisproblem in den Hohen Tauern. – Anz. Österr. Akad. d. Wiss., mathem.-naturwiss. Kl., *93,* S. 1–4, Wien 1956.

KARL, F.: Vorläufiger Ergebnisbericht über petrographische Vergleichsuntersuchungen zwischen Tauern-Tonalit-Graniten (vom Typus Venediger-Granit und periadriatischen Tonaliten). – Anz. Österr. Akad. d. Wiss., mathem.-naturwiss. Kl., *94*, S. 219–223, Wien 1957.

KARL, F.: Vergleichende petrographische Studien an den Tonalitgraniten der Hohen Tauern und den Tonalit-Graniten einiger periadriatischer Intrusivmassive. Ein Beitrag zur Altersfrage der zentralen granitischen Massen in den Ostalpen. (Mit 48 Abb. und 3 Taf.) – Jahrb. Geol. B.-A., *102*, S. 1–192, Wien 1959.

KARL, F.: Über das Alter der Granite in den Hohen Tauern. – Geol. Rundschau, *50*, S. 499–505, Stuttgart 1960.

KARL, F.: Aufnahmsberichte… 1953–1962. – Verh. Geol. B.-A., *1954–1963*, Wien 1954–1963.

KARL, F., & SCHMIDEGG, O.: Hohe Tauern, Großvenedigerbereich. (Mit 3 Abb. und 1 Taf.) – Mitt. Geol. Ges. in Wien, *57*, S. 1–15, Wien 1964.

KIESLINGER, A.: Zur Frage der Entstehung alpiner Talklagerstätten. – Centralbl. f. Min., *1923*, S. 463–469, Stuttgart 1923.

KIESLINGER, A.: Verwitterungsstudien im Sonnblickgebiet. – Jahresber. Sonnblick-Ver., *1937*, S. 22–32, Wien 1939.

KIESLINGER, A.: Aufnahmsberichte… 1936–1938. – Verh. Geol. B.-A., *1937–1939*, Wien 1937–1939.

KIESLINGER, A.: Das Tauerngold. – Zeitschr. Dt. A.-V., *71*, S. 137–142, München 1940.

KIESLINGER, A.: Die Bausteine des Gasteiner Tales. – Badgasteiner Badeblatt, *1948*, 5, 6, 7, 27 S., Badgastein 1948.

KLEBERGER, J., SÄGMÜLLER, J. J., U. TICHY, G.: Neue Fossilfunde aus der mesozoischen Schieferhülle der Hohen Tauern zwischen Fuschertal und Wolfbachtal (Unterpinzgau, Salzburg), Geol. paläont. Mitt. Innsbruck 10, 1981, 275–288.

KOBER, L.: Bericht über geologische Untersuchungen in der Sonnblickgruppe und ihrer weiteren Umgebung. – Sitzber. k. Akad. d. Wiss., mathem.-naturwiss. Kl., Abt. *I, 121*, S. 105–119, Wien 1912.

KOBER, L.: Regionaltektonische Gliederung des mittleren Teiles der ostalpinen Zentralzone. – Sitzber. Akad. d. Wiss., mathem.-naturwiss. Kl., Abt. *I, 130*, S. 375–381, Wien 1921.

KOBER, L.: Das östliche Tauernfenster. – Denkschr. Akad. d. Wiss., mathem.-naturwiss. Kl., *98*, S. 201–242, Wien 1922.

KOBER, L.: Bau und Entstehung der Alpen. (1.Aufl.) (Mit 8 Taf.) IV, 283 S. – Berlin: Borntraeger 1923; 2. Aufl. (Mit 100 Abb. und 3 Taf.) 379 S. – Wien: Deuticke 1955.

KOBER, L.: Neue Beiträge zur Geologie der östlichen Tauern und des Salzkammergutes. – Anz. Akad. d. Wiss., mathem.-naturwiss. Kl., *63*, S. 46–48, Wien 1926.

KOBER, L.: Mesozoische Breccien in der oberen Schieferhülle der Sonnblick- und Glocknergruppe. – Anz. Akad. d. Wiss., mathem.-naturwiss. Kl., *65*, S. 275–276, Wien 1928.

KOBER, L.: Mesozoische Breccien in der oberen Schieferhülle der Sonnblickgruppe. – Centralbl. f. Min., *1928*, B, S. 607–608, Stuttgart 1928.

KOBER, L.: Modereckdecke oder Rote-Wand-Gneisdecke. – Verh. Geol. B.-A., *1933*, S. 131–132, Wien 1933.

KOBER, L.: Der geologische Aufbau Österreichs. (Mit 20 Abb. und 1 Taf.) V, 204 S. – Wien: Springer 1938.

KÖLBL, L.: Die Tektonik der Granatspitzgruppe in den Hohen Tauern. (Mit 13 Abb.) – Sitzber. Akad. d. Wiss., mathem.-naturwiss. Kl., Abt. *I, 133*, S. 291–327, Wien 1924.

KÖLBL, L.: Zur Tektonik des mittleren Abschnittes der Hohen Tauern. – Centralbl. f. Min., *1924*, S. 590–593, Stuttgart 1924.

KÖLBL, L., & SCHIENER, A.: Zur Petrographie und Tektonik der Großvenedigergruppe in den Hohen Tauern. – Centralbl. f. Min., *1928*, B, S. 174–179, Stuttgart 1928.

KÖLBL, L.: Zur Tektonik des Tauernfensters. – Anz. Akad. d. Wiss., mathem.-naturwiss. Kl., *68*, S. 242–244, Wien 1931.

KÖLBL, L.: Geologische Skizze des Habachtales. In: Festschr. z. 50jähr. Bestehen d. Sekt. Jena d. Dt. u. Österr. A.-V. – Jena 1932.

KÖLBL, L.: Das Nordostende des Großvenedigermassivs. Ein Beitrag zur Frage des Tauernfensters. (Mit 2 Abb.) – Sitzber. Akad. d. Wiss., mathem.-naturwiss. Kl., Abt. *I, 141*, S. 39–66, Wien, 1932.

KÖLBL, L.: Der Nordrand des Tauernfensters zwischen Mittersill und Kaprun. – Anz. Akad. d. Wiss., mathem.-naturwiss. Kl., *69*, S. 266–268, Wien 1932.

KÖLBL, L.: Das Tauernproblem in den Ostalpen. – Geol. Rundschau, *26*, S. 151–153, Berlin 1935.

LAMBERT, R. ST. J.: Absolute Altersbestimmungen an Gneisen aus dem Tauernfenster. – Verh. Geol. B.-A., *1964*, S. 16–27, Wien 1964.

LEITMEIER, H.: Die Pb-Zn-Vorkommen auf der Achselalpe im Hollersbachtal in Salzburg. – Tsch. Min. u. Petr. Mitt., *47*, S. 376–382, Wien 1936.

LEITMEIER, H.: Das Smaragdvorkommen im Habachtal und seine Mineralien. – Tsch. Min. u. Petr. Mitt., *49*, S. 245–368, Wien 1937.

LEITMEIER, H.: Smaragdbergbau und Smaragdgewinnung in Österreich. – Berg- und Hüttenmänn. Mh., *86*, S. 3–12, Wien 1938.

LEITMEIER, H.: Einige neuere Mineralvorkommen im Gebiet des Habachtales, ein Beitrag zur Entstehung der Zentralgneise. – Tsch. Min. u. Petr. Mitt., *53*, S. 271–329, Wien 1942.

LEITMEIER, H.: Über die Entstehung der Kluftmineralien in den Hohen Tauern. – Tsch. Min. u. Petr. Mitt., *F. 3, 1*, S. 390–413, Wien 1950.

LEITMEIER, H.: Vorlage neuer Mineralfunde aus dem Oberpinzgau. – Tsch. Min. u. Petr. Mitt., *F. 3, 2*, S. 140–142, Wien 1950.

LEITMEIER, H.: Sind die Ergebnisse geologischer und petrologischer Forschung in den Ostalpen unvereinbar? – Jahrb. Geol. B.-A., *98*, S. 33–66, Wien 1955.

LÖWL, F.: Der Granatspitzkern. (Mit 10 Abb. und 1 Karte.) – Jahrb. k. k. Geol. R.-A., *45*, S. 615–640, Wien 1895.

LÖWL, F.: Rund um den Großglockner. (Mit 12 Textfig. und 4 Taf.) – Zeitschr. Dt. u. Österr. A.-V., *1898*, S. 27–54, München 1898.

LÖWL, F.: Quer durch den mittleren Abschnitt der Hohen Tauern. (Mit 1 Karte.) – IX. Internat. Geol.-Kongr., Führer f. d. Exkursionen in Österreich, *IX*, 27 S., Wien 1903.

MADER, K.: Die Schwerkraftmessungen des Bundesamtes für Eich- und Vermessungswesen. – Verh. Geol. B.-A., Sonderheft *C*, S. 84–86, Wien 1952.

MALECKI, G.: Zur Geologie des Silberpfennig-Gebietes, Hohe Tauern (Salzburg), Diss. Wien 1978.

MATURA, A.: Zur Geologie des Türchlwand-Kramkogel-Gebietes. (Mit 1 Abb., 1 Taf. und 1 Karte). – Mitt. Ges. d. Geol.- u. Bergbaustud., *17*, S. 87–126, Wien 1967.

MEIXNER, H.: Zur Landesmineralogie von Salzburg 1879–1962. – Tratz-Festschrift, S. 24–42, Salzburg 1964.

MEIXNER, H.: Die Stellung des Landes Salzburg in der Mineralogie. – Der Aufschluß, Sonderheft *15*, S. 5–13, Heidelberg 1966.

MEIXNER, H.: Die Mineralvorkommen des Lungaus (Salzburg). (Mit 2 Abb.) – Der Aufschluß, Sonderheft *15*, S. 63–71, Heidelberg 1966.

MEIXNER, H.: Die Uranminerale vom Thermalstollen bei Böckstein, Badgastein. (Mit 2 Abb.) – Der Aufschluß, Sonderheft *15*, S. 86–90, Heidelberg 1966.

MILLER, CH.: On the metamorphism of the eclogites and high-grade blueschists from the Penninic terrane of the Tauern Window, Austria, Schweiz. min. petr. Mitt. 54, 1974, 371–384.

MOSTLER, H.: Geologie der Gebirge des vorderen Großarl- und Kleinarltales (Salzburg). – Verh. Geol. B.-A., *1963*, S. 132–135, Wien 1963.

MOSTLER, H.: Einige Bemerkungen zur Salzach-Längstalstörung und der sie begleitenden Gesteine. (Mit 1 Karte.) – Mitt. Ges. d. Geol.- u. Bergbaustud., *14*, S. 185–196, Wien 1964.

OBERHAUSER, R.: Zur Frage des vollständigen Zuschubes des Tauernfensters während der Kreidezeit. (Mit 3 Abb.) – Verh. Geol. B.-A., *1964*, S. 47–52, Wien 1964.

OBERHAUSER, R.: Beiträge zur Kenntnis der Tektonik und der Paläogeographie während der Oberkreide und dem Paläogen im Ostalpenraum. (Mit 2 Abb. und 2 Taf.) – Jahrb. Geol. B.-A., *111*, S. 115–145, Wien 1968.

OHNESORGE, TH.: Aufnahmsbericht Blatt Kitzbühel–Zell am See. – Verh. Geol. B.-A., *1925*, S. 13, Wien 1925.

PEER, H.: Geologie der Nordrahmenzone der Hohen Tauern zwischen Schuhflicker und Gasteiner Ache, Diss. Wien 1978.

PEER, H., &. ZIMMER, W.: Geologie der Nordrahmenzone der Hohen Tauern (Gasteiner Ache bis Saukarkopf-Großarltal), Jb. Geol. B.-A. 123, Wien 1980, 411–466.

PETRASCHEK, W.: Die alpine Metallogenese. – Jahrb. Geol. B.-A., *90, 1945*, S. 129–149, Wien 1947.

POPP, F.: Geologische Untersuchungen in der Schieferhülle des Tauernfensters im Gerlostal (Tirol), Diss. Wien 1981.

PREY, S.: Die Metamorphose des Zentralgneises der Hohen Tauern. (Mit 4 Taf.) – Mitt. Geol. Ges. in Wien, *29, 1936*, S. 429–454, Wien 1937.

PREY, S.: Modereckdecke und Rote-Wand-Gneisdecke. – Verh. Geol. B.-A., *1938*, S. 190–192, Wien 1938.

PREY, S., & HEISSEL, W.: Tauernfenster (Großglocknerstraße). (Mit Taf. XV, XVI und XVII.) – Verh. Geol. B.-A., Sonderheft *A*, S. 95–110, Wien 1951.

PREY, S.: Vorläufiger Bericht über Untersuchungen an den flyschartigen Serien des östlichen Tauernnordrandes, Verh. Geol. B.-A., Wien 1975, 291–295.

PREY, S.: Flyscherscheinungen in den „flyschartigen Serien" des östlichen Tauernnordrandes, Verh. Geol. B.-A. Wien 1977, 313–320.

RAMSAUER, B.: Böden in den Hohen Tauern und Wasserhaushalt. – Geologie und Bauwesen, *25*, S. 268–298, Wien 1960.

SANDER, B.: Zur Geologie der Zentralalpen. Teil I–III. – Verh. k. k. Geol. R.-A., *1916*, S. 206–215; 223–231, Wien 1916.

SANDER, B.: Geologische Studien am Westende der Hohen Tauern. (Mit 1 Karte und 1 Profiltaf.) – Jahrb. Geol. B.-A., *70, 1920*, S. 273–296, Wien 1921.

SANDER, B.: Zur Geologie der Zentralalpen. Mit Beiträgen von O. AMPFERER & E. SPENGLER. (Mit 1 Karte und 6 Textfig.) – Jahrb. Geol. B.-A., *71*, S. 173–223, Wien 1921.

SCHARBERT, H.: Die Grüngesteine der Großvenediger-Nordseite (Oberpinzgau, Salzburg). T. I. – Sitzber. Österr. Akad. d. Wiss., mathem.-naturwiss. Kl., Abt. *I, 166*, S. 307–330, Wien 1957.

SCHMIDEGG, O.: Aufnahmsberichte... 1951–1961. – Verh. Geol. B.-A., *1952–1962*, Wien 1952–1962.

SCHMIDEGG, O.: Geologische Übersicht der Venediger-Gruppe nach dem derzeitigen Stand der Aufnahmen von F. KARL & O. SCHMIDEGG. (Mit 5 Abb. und 1 Karte.) – Verh. Geol. B.-A., *1961*, S. 35–56, Wien 1961.

SCHÖNLAUB, H. P., FRISCH, W., & FLAJS, G.: Neue Fossilfunde aus dem Hochstegenmarmor (Tauernfenster, Österr.), N. Jb. Geol. Paläont. Stuttgart. Mh. 1975/2, 111–128.

SCHÜLLER, I.: Achsenverteilungsanalyse eines Glimmermarmors (Tauernhülle, Glocknerstraße). – Jahrb. Geol. B.-A., *98*, S. 21–31, Wien 1955.

SCHWAN, W.: Kleintektonische Beobachtungen und Probleme am Nord- und Ostrand der Hohen Tauern. – Zeitschr. Dt. Geol. Ges., *110*, S. 12, Hannover 1958.

SCHWAN, W.: Leitende Strukturen am Nordostrand der Hohen Tauern. (Mit 26 Abb.) – Verh. Geol. B.-A., Sonderheft *G*, S. 214–245, Wien 1965.

SCHWINNER, R.: Das Bewegungsbild des Klammkalkzuges. – Centralbl. f. Min., *1933, B*, S. 280–290, Stuttgart 1933.

SCHWINNER, R.: Die Zentralzone der Ostalpen. In: F. X. SCHAFFER: Geologie von Österreich, S. 105–232, Wien: Deuticke 1951.

SENFTL, E., & EXNER, CH: Rezente Hebung der Hohen Tauern und geologische Interpretation, Verh. Geol. B.-A. Wien 1973, 209–234.

SIMON, W.: Geologische Gliederung des Pinzgaues und seine Eingliederung in den Bau der Ostalpen. (Mit 10 Abb.) – Der Aufschluß, Sonderheft *15*, S. 14–29, Heidelberg 1966.

STARK, M.: Vorläufiger Bericht über geologische Aufnahmen im östlichen Sonnblickgebiet und die Beziehungen der Schieferhüllen des Zentralgneises. – Sitzber. k. Akad. d. Wiss., mathem.-naturwiss. Kl., Abt. *I*, 121, S. 195–226, Wien 1912.

STARK, M.: Entwicklungsstadien bei kristallinen Schiefern (Grünschiefern) der Klammkalk-Radstädterserie im Arl- und Gasteintal. – Sitzber. Akad. d. Wiss., mathem.-naturwiss. Kl., Abt. *1, 148*, S. 41–106, Wien 1939.

STAUB, R.: Der Bau der Alpen. – Beiträge zur Geolog. Karte der Schweiz, *N. F. 52*, Bern 1924.

STAUB, R.: Nouvelle remarque sur les nappes penniques du Tauern. – Compte rendu sommaire Soc. Géol. de France, *1936*, S. 264, Paris 1936.

STAUB, R.: La succession pennique du Tauern à l'Est du Großglockner. – Compte rendu sommaire Soc. Géol. de France, *1936*, S. 257–259, Paris 1936.

STEYRER, H. P.: Geochemie, Petrographie und Geologie der Habachformation im Originalgebiet zwischen äußerem Habachtal und Untersulzbachtal (Pinzgau, Salzburg), Diss. Salzburg 1982.

STINY, J.: Geologische Streiflichter auf den Bau der Glocknerstraße. – Festschrift zur Eröffnung, S. 24–26, Salzburg 1935.

STINY, J.: Die landformenkundlichen und geologischen Verhältnisse der Hauptstufe des Kapruner Werkes. In: Festschrift „Die Hauptstufe Glockner–Kaprun", S. 29–36, Zell am See 1951.

STINY, J.: Die baugeologischen Verhältnisse der österreichischen Talsperren. – Die Talsperren Österreichs, *5*, 98 S., Wien 1955.

STINY, J.: Die geologische Lage des Staubeckens Mooserboden und seiner Abschlußwerke. In: Festschrift „Die Oberstufe Glockner–Kaprun", S. 214–216, Zell am See 1955.

STINY, J.: Verwerfungen und Talsperrenbau. – Geologie und Bauwesen, *23*, S. 51–54, Wien 1958.

SUESS, E.: Über die Kalkglimmerschiefer der Hohen Tauern. – Anz. k. Akad. d. Wiss., mathem.-naturwiss. Kl., *27*, S. 245–246, Wien 1890.

TERMIER, M. P.: Les nappes des Alpes Orientales et la Synthese des Alpes. – Bull. Soc. Géol. de France, Sér. *4, 3*, S. 711–766, Paris 1903.

THALMANN, F.: Geologische Neuaufnahme des Kammzuges zwischen Mur und Zederhaustal. – Unveröff. Diss. Univ. Wien, 117 Bl., Wien 1962.

THALMANN, F.: Geologie des Kammzuges zwischen Mur und Zederhaustal. (Mit 4 Taf.) – Mitt. Ges. d. Geol.- u. Bergbaustud., *13*, S. 121–188, Wien 1962.

THIELE, O.: Zur Stratigraphie und Tektonik der Schieferhülle der westlichen Hohen Tauern, Verh. Geol. B.-A. Wien 1970, 230–244.

THIELE, O.: Tektonische Gliederung der Tauernschieferhülle zwischen Krimml und Mayrhofen, Jb. Geol. B.-A. 117. Wien 1974, 55–74.

THIELE, O.: Das Tauernfenster... s. u. Radstädter Tauern.

THURNER, A.: Die Geologie der Hohen Tauern im Sinne der Verschluckungslehre. (Mit 7 Abb.) – N. Jahrb. f. Geol. u. Pal., Mh. *1969*, S. 618–642, Stuttgart 1969.

TOLLMANN, A.: Die Rolle des Ost-West-Schubes im Ostalpenbau. – Mitt. Geol. Ges. in Wien, *54*, S. 229–247, Wien 1955.

TOLLMANN, A.: Neue Ergebnisse über den Deckenbau der Ostalpen auf Grund fazieller und tektonischer Untersuchungen. (Mit 1 Taf.) – Geol. Rundschau, *50*, S. 506–516, Stuttgart 1960.

TOLLMANN, A.: Der Baustil der tieferen tektonischen Einheiten der Ostalpen im Tauernfenster und in seinem Rahmen. (Mit 1 Taf.) – Geol. Rundschau, *52*, S. 226–237, Stuttgart 1962.

TOLLMANN, A.: Ostalpensynthese. (Mit 22 Abb. und 11 Taf.) 256 S. – Wien: Deuticke 1963.

TOLLMANN, A.: Übersicht über die alpidischen Gebirgsbildungsphasen in den Ostalpen und Westkarpaten. – Mitt. Ges. d. Geol.- u. Bergbaustud., *14/15*, S. 89–124, Wien 1964.

TOLLMANN, A.: Faziesanalyse der alpidischen Serien der Ostalpen. (Mit 1 Abb.) – Verh. Geol. B.-A., Sonderheft *G*, S. 93–133, Wien 1965.

TOLLMANN, A.: Die Fortsetzung des Briançonnais in den Ostalpen. – Mitt. Geol. Ges. in Wien, *57*, S. 469–478, Wien 1965.

TOLLMANN, A.: Die neuen Ergebnisse der geologischen Forschung in Österreich. – Naturhistorikertagung *1965*, Beiblätter, S. 3–57, Wien 1965.

TOLLMANN, A.: Alpes Autrichiennes. – Compte rendu sommaire Soc. Géol. de France, *1966*, S. 413–472, Paris 1966.

TOLLMANN, A.: Die alpidischen Gebirgsbildungs-Phasen in den Ostalpen und Westkarpaten. (Mit 20 Abb. und 1 Tab.) – Geotektonische Forschungen, *21*, 156 S., Stuttgart 1966.

TOLLMANN, A.: Bemerkungen zu faziellen und tektonischen Problemen des Alpen-Karpaten-Orogens. (Mit 1 Taf.) – Mitt. Ges. d. Geol.- u. Bergbaustud., *18*, S. 207–248, Wien 1968.

TOLLMANN, A.: Die paläogeographische, paläomorphologische und morphologische Entwicklung der Ostalpen. – Mitt. Österr. Geogr. Ges., *100*, S. 224–244, Wien 1968.

TOLLMANN, A.: Ozeanische Kruste im Pennin des Tauernfensters und die Neugliederung des Deckenbaues der Hohen Tauern, N. Jb. Geol. Paläont. Abh. 148/3, Stuttgart 1975, 286–319.

TOLLMANN, A.: Geologie von Österreich I, Wien 1977.

TOLLMANN, A.: Das östliche Tauernfenster, Mitt. Öst. Geol. Ges. 71/72, Wien 1980, 73–79.

VOGELTANZ, R.: Die Riesenbergkristalle vom Ödenwinkel. 16 S. – Salzburg: Haus der Natur 1967.

WEINSCHENK, E.: Beiträge zur Petrographie der östlichen Centralalpen, speciell des Gross-Venedigerstockes. I. Ueber die Peridotite und die aus ihnen hervorgegangenen Serpentingesteine. Genetischer Zusammenhang derselben mit den sie begleitenden Minerallagerstätten. (Mit 4 Taf.) – Abh. d. mathem-phys. Cl. d. Bayer. Akad. d. Wiss., *18, Abt. 3*, S. 651–713, München 1895.

WEINSCHENK, E.: Beiträge zur Petrographie der östlichen Centralalpen, speciell des Gross-Venedigerstockes. II. Ueber das granitische Centralmassiv und die Beziehungen zwischen Granit und Gneiss. (Mit 1 Taf.) – Abh. d. mathem.-phys. Cl. d. Bayer. Akad. d. Wiss., *18, Abt. 3*, S. 715–746, München 1895.

WEINSCHENK, E.: Die Minerallagerstätten des Großvenedigerstockes in den Hohen Tauern. – Zeitschr. f. Krist., *26*, S. 337–508, Leipzig 1896.

WEINSCHENK, E.: Die Resultate der petrographischen Untersuchungen des Großvenedigerstockes in den Hohen Tauern und die sich daraus ergebenden Beziehungen für die Geologie der Centralalpen überhaupt. – Centralbl. f. Min., *1903*, S. 401–409, Stuttgart 1903.

WEINSCHENK, E.: Beiträge zur Petrographie der östlichen Centralalpen, speciell des Gross-Venedigerstockes. III. Die kontaktmetamorphische Schieferhülle und ihre Bedeutung für die Lehre vom allgemeinen Metamorphismus. (Mit 5 Lichtdrucktaf. und 1 farbigen Kartenskizze.) – Abh. d. mathem.-phys. Kl. d. Bayer. Akad. d. Wiss., *22, Abt. 2*, S. 261–340, 1903.

WIEBOLS, J.: Zur Tektonik des hinteren Groß-Arl-Tales. (Mit 3 Taf. und 6 Abb.) – Jahrb. Geol. B.-A., *93, 1948*, S. 37–82, Wien 1949.

WIESENEDER, H.: Beiträge zur Kenntnis der ostalpinen Eklogite. – Tsch. Min. u. Petr. Mitt., *46*, S. 175–214, Leipzig 1934.

WINKLER-HERMADEN, A.: Bemerkungen zur Geologie der östlichen Tauern. (Mit 3 Textfig.) – Verh. Geol. B.-A., *1923*, S. 89–112, Wien 1923.

WINKLER-HERMADEN, A.: Tektonische Probleme in den östlichen Hohen Tauern. – Geol. Rundschau, *15*, S. 373–384, Berlin 1924.

WINKLER-HERMADEN, A.: Geologische Probleme in den östlichen Tauern. (Mit 2 Taf.) – Jahrb. Geol. B.-A., *76*, S. 245–322, Wien 1926.

WOLETZ, G.: Charakteristische Abfolgen der Schwermineralgehalte in den Kreide- und Alttertiär-Schichten der nördlichen Ostalpen. – Jahrb. Geol. B.-A., *106*, S. 89–119, Wien 1963.

ZIMMER, W.: Geologie der Nordrahmenzone der Hohen Tauern bei Großarl, Diss. Wien 1978.

ZIRKL, E. J.: Neues von den Totenköpfen im Stubachtal. – Karinthin, *1949*, S. 138–140, Knappenberg 1949.

ZIRKL, E. J.: Zur Mineralogie des Stubachtales, besonders des Totenkopfes im Pinzgau/Salzburg. (Mit 5 Abb.) – Der Aufschluß, Sonderheft *15*, S. 72–85, Heidelberg 1966.

11. Quartär

AIGNER, A.: Über tertiäre und diluviale Ablagerungen am Südfuß der Niederen Tauern. – Jahrb. Geol. B.-A., *74, 1924*, S. 179–196, Wien 1925.

AIGNER, D.: Die geographischen und geologischen Verhältnisse in der Umgebung von Laufen. (Mit 1 Karte und 1 Prof.) „Salzfaß" 1928.

AIGNER, D.: Der alte Salzburger See und sein Becken. – Mitt. Ges. f. Salzburger Landeskunde, *68*, S. 127–138, Salzburg 1928.

BAUER, F.: Die Taxenbacher Enge. – Verh. Geol. B.-A., *1963*, S. 135–157, Wien 1963.

BRÜCKNER, E.: Die Vergletscherung des Salzachgebietes. (Mit 11 Abb. im Text, 3 Taf. und 3 Karten.) – Geogr. Abh., *1, 1*, 183 S., Wien 1886.

BRÜCKNER, E.: Albrecht Pencks neue Untersuchungen über die Eiszeit in den nördlichen Alpen. – Zeitschr. f. Gletscherkunde, *13*, S. 97–120, Leipzig 1924.

CRAMMER, H.: Alter, Entstehung und Zerstörung der Salzburger Nagelfluh. – N. Jahrb. f. Min., Beil.-Bd. *16*, S. 325–334, Stuttgart 1903.

DEL-NEGRO, W.: Quartärgeologische Exkursion ins Gebiet Henndorf–Kraiwiesen. – Mitt. d. naturwiss., Arb.-Gem., *7*, S. 57–59, Salzburg 1956.

DEL-NEGRO, W.: Probleme der Pleistozänentwicklung im Salzburger Becken. – Mitt. d. naturwiss., Arb.-Gem., *14*, S. 59–72, Salzburg 1963.

DEL-NEGRO, W.: Moderne Forschungen über den Salzachvorlandgletscher. (Mit 1 Abb.) – Mitt. Österr. Geogr. Ges., *109*, S. 2–30, Wien 1967.

DEL-NEGRO, W.: Zur Diskussion des Spätglazials im Salzburger Bereich in: Beiträge zur Quartär- und Landschaftsformung, Wien 1978, 83–87.

DRAXLER, I.: Das Quartär in: Der geolog. Aufbau Österr. Wien 1980, 56–69.

EBERS, E.: Über erloschene Seen im Salzachgletschergebiet. – Mitt. Geogr. Ges. München, *25*, S. 77–82, München 1932.

EBERS, E.: Hauptwürm, Frühwürm und die Frage der älteren Würmschotter. (Mit 2 Abb.) – Eiszeitalter und Gegenwart, *6*, S. 96–109, Öhringen 1955.

EBERS, E., WEINBERGER, L., & DEL-NEGRO, W.: Der pleistozäne Salzachvorlandgletscher. (Mit 47 Abb. und 1 Karte 1 : 100.000.) – Veröff. Ges. Bayer. Landeskunde, *19–22*, 216 S., München 1966.

EHRENBERG, K., & MAIS, K.: Über die Forschungen in der Schlenken-Durchgangshöhle bei Vigaun im Sommer 1966. – Anz. Österr. Akad. d. Wiss., mathem.-naturwiss. Kl., *104*, S. 22–30, Wien 1967.

FINK, J.: Zur Korrelation der Terrassen und Lösse in Österreich. – Eiszeitalter und Gegenwart, *7*, S. 49–77, Öhringen 1956.

FINK, J.: Die Gliederung der Würmeiszeit in Österreich. – INQUA. Rep of the VIth Int. Congr. on Quarternary, Warsaw 1961, Vol. *4*, S. 451–462, Lodz 1964.

FINK, J.: Stand und Aufgaben der österreichischen Quartärforschung, Innsbr. geogr. Stud. 5, 1979, 79–104.

FIRBAS, F.: Pollenanalytische Untersuchungen einiger Moore der Ostalpen. – Lotos, *71*, S. 187–242, Prag 1923.

FLIRI, F., ET AL.: Beiträge zur Geschichte der alpinen Würm-Vereisung: Forschungen am Bänderton von Baumkirchen (Inntal, Nordtirol), Zeitschr. Geomorph. N-F. Suppl. 16, Berlin 1973, 1–14.

FUCHS, W.: Das Werden der Landschaftsräume seit dem Oberpliozän in: Der geolog. Aufbau Österr. Wien 1980, 484–504.

FUGGER, E.: Das Salzburger Vorland. (Mit 30 Abb. und 2 Taf.) – Jahrb. k. k. Geol. R.-A., *49, 1899*, S. 287–428, Wien 1900.

FUGGER, E.: Zur Geologie des Rainberges. – Mitt. Ges. f. Salzburger Landeskunde, *41*, S. 71–76, Salzburg 1902.

FUGGER, E.: Salzburg und Umgebung. – IX. Internat. Geol.-Kongr., Führer f. d. Exkursionen in Österreich, *IV,* (1), 21 S., Wien 1903.

GÖTZINGER, G.: Salzburg und der Gaisberg. – Führer zu den Quartärexkursionen in Österreich, *I.* Teil, S. 135–148, Wien: Geol. B.-A. 1936.

GÖTZINGER, G.: Das Salzachtal von Salzburg bis Golling. – Führer zu den Quartärexkursionen in Österreich, *II.* Teil, S. 1–6, Wien: Geol. B.-A. 1936.

GÖTZINGER, G.: Die spätglaziale Abschmelzungsfolge der westlichen Zweige des Traungletschers. – Anz. Akad. d. Wiss., mathem.-naturwiss. Kl., *77*, S. 7–15, Wien 1940.

GÖTZINGER, G.: Neue bemerkenswerte Zeugen und Naturdenkmale der Eiszeit im Berchtesgadener, Saalach- und Traungletscher-Gebiete. – Ber. d. Reichsamts f. Bodenforsch., *1942*, S. 141–178, Wien 1942.

GÖTZINGER, G.: Aufnahmsberichte… 1925–1958. – Verh. Geol. B.-A., *1926–1959*, Wien 1926–1959.

GRIMM, W. D.: Quartärgeologische Untersuchungen im Nordwestteil des Salzach-Vorlandgletschers (Oberbayern) in: Moraines and Warves, Rotterdam 1979, 101–114.

HEISSEL, W.: Alte Gletscherstände im Hochkönig-Gebiet. (Mit 1 Karte, 1 Textfig. und 1 Taf.) – Jahrb. Geol. B.-A., *92*, S. 147–164, Wien 1949.

HELL, M.: Wie tief ist das Salzburger Becken? – Mitt. Ges. f. Salzburger Landeskunde, *99*, S. 179–184, Salzburg 1959.

HELL, M.: Tiefbohrung inmitten des Salzburger Beckens durchfährt Grundgebirge. (Mit 1 Abb.) – Mitt. Ges. f. Salzburger Landeskunde, *103*, S. 135–140, Salzburg 1963.

HEUBERGER, H.: Die Salzburger „Friedhofsterrasse" – eine Schlernterrasse? Zeitschr. Gletscherk. Glazialgeol. 8, Innsbruck 1972, 237–251.

HOERNES, R.: Der Einbruch von Salzburg und die Ausdehnung des interglazialen Sees. – Sitzber. k. Akad. d. Wiss., mathem.-naturwiss. Kl., Abt. *I, 117*, S. 1177–1193, Wien 1908.

HORNINGER, G.: Baugeologische Ergebnisse bei Erkundungsarbeiten am Mönchsberg, Salzburg, Verh. Geol. B.-A. Wien 1975, 75–129.

VAN HUSEN, D.: Geologisch-sedimentologische Aspekte im Quartär von Österreich, Mitt. Öst. Geol. Ges. 74/75, Wien 1981, 197–230.

JAKSCH, K.: Beiträge zur Glazialgeologie des Gasteiner Tales. Gneisgeschiebeobergrenze und stadiale Lokalvergletscherung. Vortrag. – Mitt. d. naturwiss. Arb.-Gem., *6*, S. 36–48, Salzburg 1955.

KIESLINGER, A.: Die nutzbaren Gesteine Salzburgs. (Mit 134 Abb.) – Mitt. Ges. f. Salzburger Landeskunde, Ergänzungsband *4*, XI, 435 S., Salzburg und Stuttgart: Bergland-Buch (1963).

KINZL, H.: Alte Gletscherstände im Oberpinzgau und im Gerlostal. – Zeitschr. f. Gletscherkunde, *18*, S. 227–233, Leipzig 1930.

KLAUS, W.: Vorbericht über pollenanalytische Untersuchungen von Sedimenten aus der Schlenken-Durchgangshöhle an der Taugl (Salzburg). – Anz. Österr. Akad. d. Wiss., mathem.-naturwiss. Kl., *104*, S. 379–380, Wien 1967.

KLAUS, W.: Pollenanalytische Untersuchungen zur Vegetationsgeschichte Salzburgs. Das Torfmoor am Walserberg. – Verh. Geol. B.-A., *1967*, S. 200–212, Wien 1967.

KLAUS, W.: Spätglazial-Probleme der östlichen Nordalpen: Salzburg – inneralpines Wiener Becken, Ber. dt. bot. Ges. 85, 1973, 83–92.

KLEBELSBERG, R.: Die „Stadien" der Gletscher in den Alpen. – Verh. III. Internat. Quartärkonferenz, Wien, September 1936, S. 102–105, Wien: Geol. B.-A. 1938.

KLEBELSBERG, R.: Das Schlern-Stadium der Alpengletscher. – Zeitschr. f. Gletscherkunde, *28*, S. 157–176, Berlin 1942.

KLEBELSBERG, R.: Ein alter Gletscherstand bei Badgastein. – Badgasteiner Badeblatt, *1949*, Badgastein 1949.

Kohl, H.: Überblick über das salzburgisch-oberösterreichische Alpenvorland in: Exk. durch d. österr. Teil d. Alpenvorlandes, Mitt. Komm. Quartärf. Öst. Akad. Wiss. Wien 1978, 9–48.

Lürzer, E.: Das Spätglazial im Egelseegebiet (Salzach-Vorlandgletscher). (Mit 2 Abb.) – Zeitschr. f. Gletscherkunde und Glazialgeologie, 3, S. 83–90, Innsbruck 1954.

Patzelt, G.: Die Gletscher der Venedigergruppe. Die Geschichte ihrer Schwankungen seit dem Beginn der postglazialen Wärmezeit. – Unveröff. Diss. Univ. Innsbruck, 199, XIX, 40 Bl., Innsbruck 1967.

Patzelt, G.: Die spätglazialen Stadien und postglazialen Schwankungen der Ostalpengletscher, Ber. dt. bot. Ges. 85, 1973, 47–57.

Patzelt, G.: Die postglazialen Gletscher- und Klimaschwankungen in der Venedigergruppe (Hohe Tauern), Zeitschr. Geomorph. N. F. Suppl. 16, Berlin 1973, 25–72.

Patzelt, G.: Unterinntal–Zillertal–Pinzgau–Kitzbühel: spät- und postglaziale Landschaftsentwicklung in: Innsbr. geogr. Stud. 2, 1975, 309–329.

Penck, A., & Brückner, E.: Die Alpen im Eiszeitalter. Band 1. Die Eiszeiten in den nördlichen Ostalpen. XVI, 393 S. (Mit 62 Textfig., 12 Taf. und 8 Karten.) – Leipzig: Tauschnitz 1909.

Penck, A.: Die interglazialen Seen von Salzburg. – Zeitschr. f. Gletscherkunde, 4, S. 81–95, Berlin 1910.

Penck, A.: Ablagerungen und Schichtstörungen der letzten Interglazialzeit in den nördlichen Alpen. – Sitzber. Preuss. Akad. d. Wiss., phys.-mathem. Kl., 1922, S. 214–251, Berlin 1922.

Pippan, Th.: Das Problem der Taxenbacher Enge. – Verh. Geol. B.-A., 1949, S. 193–236, Wien 1951.

Pippan, Th.: Anteil von Glazialerosion und Tektonik an der Beckenbildung am Beispiel des Salzachtales. – Zeitschr. f. Geomorphologie, 1, 71–100, Berlin 1957.

Pippan, Th.: Aufnahmsberichte... 1957–1964. – Verh. Geol. B.-A., 1958–1965, Wien 1958–1965.

Pippan, Th.: Geologische Kartierung im Salzachtal zwischen Kuchl und Grödig. – Mitt. d. naturwiss. Arb.-Gem., 11, S. 19–34, Salzburg 1960.

Pippan, Th.: The late glacial terraces and remnants of interglacial sedimentation in the Salzburg basin. – INQUA. Rep of the VIth Int. Congr. on Quarternary, Warsaw 1961, Vol. 3, S. 265–272, Lodz 1963.

Pippan, Th.: Diskussionsbemerkungen zum Problem der Taxenbacher Enge. – Verh. Geol. B.-A., 1964, S. 374–377, Wien 1964.

Prey, S.: Zwei Tiefbohrungen der Stieglbrauerei in Salzburg. – Verh. Geol. B.-A., 1959, S. 216–224, Wien 1959.

Prey, S.: Bericht 1960 über geologische Aufnahmen im Flyschanteil der Umgebungskarte (1:25.000) von Salzburg. – Verh. Geol. B.-A., 1961, S. A 54–A 55, Wien 1961.

Prey, S.: Erl. Beschr.... s. u. Helvetikum u. Flysch.

Prinzinger, H.: Das Salzburger Conglomerat. – Mitt. Ges. f. Salzburger Landeskunde, 45, S. 105–111, Salzburg 1905.

Schlager, M.: Neuere Erfahrungen über die Lokalvergletscherung des Untersberg- und Tauglgebietes. Vortrag. – Mitt. d. naturwiss. Arb.-Gem., 2, S. 18–25, Salzburg 1951.

Schlager, M.: Aufnahmsberichte... 1956–1968. – Verh. Geol. B.-A., 1957–1969, Wien 1957–1969.

Seefeldner, E.: Die Taxenbacher Enge. Eine morphologische Studie. – Mitt. Ges. f. Salzburger Landeskunde, 68, S. 139–166, Salzburg 1928.

Seefeldner, E.: Geographischer Führer durch Salzburg, Alpen und Vorland. – Sammlung geograph. Führer, 3, Berlin 1929.

Seefeldner, Talgeschichtliche Studien im Gebiet des Wiestales. – Mitt. Geogr. Ges., 74, S. 42–56, Wien 1931.

Seefeldner, E.: Die Entstehung der Salzachöfen. Vortrag. – Mitt. d. naturwiss. Arb.-Gem., 1, S. 40–43, Salzburg 1951.

Seefeldner, E.: Entstehung und Alter der Salzburger Ebene. – Mitt. Ges. f. Salzburger Landeskunde, 94, S. 202–208, Salzburg 1954.

Seefeldner, E.: Bericht über die Kartierung des Pleistozäns an der SW-Ecke des Kartenblattes „Salzburg-Umgebung". – Verh. Geol. B.-A., 1957, S. 77–80, Wien 1957.

Seefeldner, E.: Zur Frage der Entstehung der Taxenbacher Enge. – Verh. Geol. B.-A., 1964, S. 371–373, Wien 1964.

Senarclens-Grancy, W.: Stadiale Moränen des Hochalm-Ankogel-Gebietes – Jahrb. Geol. B.-A., 89, S. 197–232, Wien 1939.

Simon, L.: Kleine Beobachtungen am Laufenschotter des Salzachgebietes. Ein Beitrag zur Frage der Nagelfluhbildung. – Abh. Geol. Landesuntersuchung Bayer. Oberbergamt., 18, S. 53–57, München 1935.

Stummer, E.: Die interglazialen Seen von Salzburg. – Verh. Geol. B.-A., 1936, S. 101–107, Wien 1936.

STUMMER, E.: Die interglazialen Ablagerungen in den Zungenbecken der diluvialen Salzach- und Saalachgletscher (I). – Jahrb. Geol. B.-A., *88*, S. 195–206, Wien 1938.

STUMMER, E.: Zum interglazialen Alter des Mönchs- und Rainberges in Salzburg. – Ber. d. Reichsstelle f. Bodenforsch., *1941*, S. 95–99, Wien 1941.

STUMMER, E.: Glazialwirkung in Zweigbecken des Salzachgletschers. – Ber. d. Reichsamts f. Bodenforsch., *1942*, S. 189–200, Wien 1942.

STUMMER, E.: Der Aufbau des Salzburger Zungenbeckens. – Mitt. Ges. f. Salzburger Landeskunde, *86/87*, S. 91–92, Salzburg 1947.

VOGELTANZ, R.: Sedimentologie des „Steinpflasters" in der Schlenken-Durchgangshöhle (Salzburger Kalkvoralpen), Ber. Haus d. Natur Salzburg 1971, 14–20.

VOGELTANZ, R., & A. WAGNER: Der Gletscherschliff bei St. Koloman, Ber. Haus d. Natur Salzburg 1973, 29–30.

VORTISCH, W.: Zur Entstehung des Mönchsbergkonglomerates in Salzburg. – Verh. Geol. B.-A., *1924*, S. 204–207, Wien 1924.

WEHRLI, H.: Glazialgeologische Beobachtungen im Salzachtal zwischen Bruck–Fusch und Paß Lueg. – Die Eiszeit, *4*, S. 11–25, Leipzig 1927.

WEHRLI, H.: Monographie der interglazialen Ablagerungen im Bereich der nördlichen Ostalpen zwischen Rhein und Salzach. – Jahrb. Geol. B.-A., *78*, S. 355–498, Wien 1928.

WEINBERGER, L.: Gliederung der Altmoränen des Salzach-Gletschers östlich der Salzach. – Zeitschr. f. Gletscherkunde, *1*, S. 176–186, Innsbruck 1950.

WEINBERGER, L.: Neuere Anschauungen über den Salzach-Vorland-Gletscher. Vortrag. – Mitt. d. naturwiss. Arb.-Gem., *2*, S. 25–33, Salzburg 1951.

WEINBERGER, L.: Ein Rinnensystem im Gebiete des Salzach-Gletschers. – Zeitschr. f. Gletscherkunde, *2*, S. 58–71, Innsbruck 1952.

WEINBERGER, L.: Diskussionsbeitrag zur Entstehung des Oichtentales. – Mitt. d. naturwiss. Arb.-Gem., *2*, S. 42–45, Salzburg 1951.

WEINBERGER, L.: Die Periglazial-Erscheinungen im östlichen Teil des eiszeitlichen Salzach-Vorlandgletschers. (Mit 5 Abb. und 1 Taf.) – Gött. Geogr. Abh., *15*, S. 12–84, Göttingen 1954.

WEINBERGER, L.: Exkursion durch das österreichische Salzachgletschergebiet und die Moränengürtel der Irrsee- und Attersee-Zweige des Traungletschers. – Verh. Geol. B.-A., Sonderheft *D*, S. 7–33, Wien 1955.

WEINBERGER, L.: Überblick über die Eiszeit im Lande Salzburg und in den angrenzenden Teilen Oberösterreichs. – Salzburger Heimatatlas, Salzburg 1955.

WEINBERGER, L.: Bau und Bildung des Ibmer Moos-Beckens. – Mitt. Geogr. Ges., *99*, S. 224–244, Wien 1957.

WEINBERGER, L.: The Salzach Piedmont Glacier and the Branches of the Traun Glacier. (Mit 1 Tab.) – Univ. of Colorado Studies. Earth Sciences, *7*, S. 27–33, Boulder 1968.

12. Rohstoffe

AMPFERER, O.: Die geologische Bedeutung der Halleiner Tiefbohrung. – Jahrb. Geol. B.-A., *86*, S. 89–114, Wien 1936.

ANGEL, F., & TROYER, F.: Zur Frage des Alters und der Genesis alpiner Spatmagnesite. – Radex-Rundschau, *1955*, S. 374–392, Radenthein 1955.

BAUER, F. K., &. SCHERMANN, O.: Über eine Pechblende-Gold-Paragenese im Bergbau Mitterberg (Salzburg), Verh. Geol. B.-A., Wien 1971, A97–100.

BECHTOLD, D., ET AL.: Suche und Beurteilung von Dekorsteinen (Plattenquarzit und Plattengneis) im Bundesland Salzburg, Arch. Lagerst. F. Geol. B.-A. 1, Wien 1982, 19–28.

BERNHARD, J.: Die Mitterberger Kupfererzlagerstätte. Erzführung und Tektonik. – Jahrb. Geol. B.-A., *106*, S. 3–90, Wien 1966.

BERNHARD, J.: Exkursionsführer Mitterberg zur Tagung der Deutschen Mineralog. Ges., 1966, 8 S.

BISTRITSCHAN, K., & PREUSCHEN, E.: Bodenschätze. – Salzburger Heimatatlas, Salzburg 1955.

BÖHNE, E.: Die Kupfererzgänge von Mitterberg in Salzburg. – Archiv für Lagerstättenforschung, *49*, 106 S., Berlin 1931.

CANAVAL, R.: Das Bergbauterrain in den Hohen Tauern. – Jahrb. Naturhist. Landesmuseum Kärnten, *24*, S. 1–153; 187–194, Klagenfurt 1896.

CANAVAL, R.: Die Erzvorkommen nächst der Großglockner-Hochalpenstraße. – Berg- u. Hüttenmänn. Jahrb., *74*, S. 22–27, Wien 1926.

CANAVAL, R.: Das Goldfeld der Ostalpen und seine Bedeutung für die Gegenwart. – Berg- u. Hüttenmänn. Jahrb., *81*, S. 146–156, Wien 1933.

CZERMAK, F., & SCHADLER, J.: Vorkommen des Elementes Arsen in den Ostalpen. – Tsch. Min. u. Petr. Mitt., *44*, S. 1–67, Wien 1933.

CLAR, E., & FRIEDRICH, O.: Ostalpine Vererzung und Metamorphose. – Verh. Geol. B.-A., *1945*, S. 29–37, Wien 1947.

CLAR, E.: Über die Herkunft der ostalpinen Vererzung. – Geol. Rundschau, *42*, S. 107–127, Stuttgart 1953.

CORNELIUS, H. P., & PLÖCHINGER, B.: Der Tennengebirgs-N-Rand mit seinen Manganerzen und die Berge im Bereich des Lammertales. (Mit 4 Taf.) – Jahrb. Geol. B.-A., *95*, S. 145–226, Wien 1952.

ERTL, R. E., NIEDERMAYR, G., & SEEMANN, R.: Tauerngold, Veröff. Naturhist. Museum N. F. 10, Wien 1975.

EXNER, CH.: Die geologische Position des Radhausberg-Unterbaustollens bei Bad Gastein. – Berg- u. Hüttenmänn. Mh., *95*, S. 90–102; 115–126, Wien 1950.

FRIEDRICH, O.: Über den Vererzungstypus Rotgülden. – Sitzber. Akad. d. Wiss., mathem.-naturwiss. Kl., Abt. *I, 144* S. 1–6, Wien 1935.

FRIEDRICH, O.: Zur Geologie der Goldlagerstättengruppe Schellgaden. – Berg- u. Hüttenmänn. Jahr. *83*, S. 1–19, Wien 1935.

FRIEDRICH, O.: Zur Geologie der Kieslager des Großarltales. – Sitzber. Akad. d. Wiss., mathem.-naturwiss. Kl., Abt. *I, 145*, S. 121–152, Wien 1936.

FRIEDRICH, O., & PELTZMANN, I.: Magnesitvorkommen und Paläozoikum der Entachenalm, Pinzgau. – Verh. Geol. B.-A., *1937*, S. 245–253, Wien 1937.

FRIEDRICH, O. M., & MATZ, K.: Der Stübelbau zu Schellgaden. – Berg- u. Hüttenmänn. Mh., *87*, S. 34–39, Wien 1939.

FRIEDRICH, O. M.: Tektonik und Erzlagerstätten in den Ostalpen. – Berg- u. Hüttenmänn. Mh., *90*, S. 131–136, Wien 1942.

FRIEDRICH, O. M.: Überschiebungsbahnen als Vererzungsflächen. – Berg- u. Hüttenmänn. Mh., *93*, S. 14–16, Wien 1944.

FRIEDRICH, O. M.: Zur Erzlagerstättenkarte der Ostalpen. (Mit Karte 1:500.000.) – Radex-Rundschau, *1953*, S. 371–407, Radenthein 1953.

FRIEDRICH, O. M.: Zur Genesis der ostalpinen Spatmagnesit-Lagerstätten. – Radex-Rundschau, *1954*, S. 393–420, Radenthein 1954.

FRIEDRICH, O. M.: Neue Betrachtungen zur ostalpinen Vererzung. – Karinthin, *45/46*, S. 210–228, Klagenfurt 1962.

FRIEDRICH, O. M.: Zur Genesis des Magnesites vom Kaswassergraben und über ein ähnliches Vorkommen (Diegrub) im Lammertal. – Radex-Rundschau, *1963*, S. 421–432, Radenthein 1963.

FRIEDRICH, O. M.: Zur Genesis der Blei- und Zinklagerstätten in den Ostalpen. – N. Jahrb. f. Min., Mh. *1964*, S. 33–49, Stuttgart 1964.

FRIEDRICH, O. M.: Unken bei Lofer, eine sedimentäre Zn-Pb-Lagerstätte in den nördlichen Kalkalpen. – Archiv für Lagerstättenforschung in den Ostalpen, *5*, S. 56–79, Leoben 1967.

FRIEDRICH, O. M.: Bemerkungen zu einigen Arbeiten über die Kupferlagerstätte Mitterberg und Gedanken über ihre Genese. – Archiv für Lagerstättenforschung in den Ostalpen, *5*, S. 146–169, Leoben 1967.

FRIEDRICH, O. M.: Die Genese des Magnesits – der heutige Stand der Erkenntnisse. – Erzmetall, *20*, S. 538–540, Stuttgart 1967.

FRIEDRICH, O. M.: Die Vererzung der Ostalpen, gesehen als Glied des Gebirgsbaues. (Mit 25 Abb. und 10 Taf.) – Archiv für Lagerstättenforschung in den Ostalpen, *8*, 136 S., Leoben 1968.

FRITZ, E.: Talk- und Talkschiefervorkommen in Österreich, Montanrundsch. 20, Wien 1972.

FUGGER, E.: Salzburgs Bergbau. Die Mineralien des Landes Salzburg. – Beiträge zur Kenntnis von Stadt und Land Salzburg; S. 36–56, Salzburg 1881.

GABL, G.: Geologische Untersuchungen in der westlichen Fortsetzung der Mitterberger Kupfererzlagerstätte. (Mit 6 Abb. und 1 Taf.) – Archiv für Lagerstättenforschung in den Ostalpen, *3*, S. 2–31, Leoben 1964.

GERMANN, K.: Verbreitung und Entstehung mangan-reicher Gesteine im Jura der Nördlichen Kalkalpen, Tscherm. Min. Petr. Mitt. 17, Wien 1972, 123–150.

GRANIGG, B.: Über die Erzführung der Ostalpen. – Mitt. Geol. Ges. in Wien, *5*, S. 458–544, Wien 1912.

GRILL, R., &. JANOSCHEK, W.: Erdöl und Erdgas in: Der geol. Aufbau Österr. Wien 1980, 556–574.

GÜNTHER, W., &. TICHY, G.: Bauxitbergbau in Salzburg, Mitt. Ges. Salzb. Landesk. 118, 1978, 323–340.

GÜNTHER, W., &. TICHY, G.: Manganberg- und Schurfbau im Bundesland Salzburg, Mitt. Ges. Salzb. Landesk. 119, 1979, 351–373.

GÜNTHER, W., &. TICHY, G.: Die Ölschieferschurfbaue im Bundesland Salzburg, Mitt. Ges. Salzb. Landesk. 119, 1979, 375–381.

GÜNTHER, W., &. TICHY, G.: Kohlenvorkommen und -schurfbaue im Bundesland Salzburg, Mitt. Ges. Salzb. Landesk. 119, 1979, 383–410.

HADITSCH, J. G.: Die Cu-Ag-Lagerstätte Seekar (Salzburg). (Mit 10 Abb. und 1 Taf.) – Archiv für Lagerstättenforschung in den Ostalpen, 2, S. 76–120, Leoben 1964.

HADITSCH, J. G., & MOSTLER, H.: Die Bleiglanz-Zinkblende-Lagerstätte Thumersbach bei Zell am See (nördliche Grauwackenzone Salzburg). – Archiv für Lagerstättenforschung in den Ostalpen, 5, S. 170–191, Leoben 1967.

HADITSCH, J. G., &. MOSTLER, H.: Die Kupfer-Nickel-Kobalt-Vererzung im Bereich Leogang (Inschlagalm, Schwarzleo, Nöckelberg), Arch. Lagerst. F. in den Ostalpen 11, 1970, 161–205.

HAIDEN, A.: Über die Bausteinvorkommen des Ober- und Unterpinzgaues. – Geologie und Bauwesen, 17, S. 126–142, Wien 1950.

HEINRICH, M.: Zur Geol. d. Jungtertiärb. v. Tamsweg s. u. Östl. Zentralzone.

HEINRICH, M.: Ölschiefer in: Der geol. Aufbau Österr. 1980, 547–548.

HEINRICH, M.: Kohle in: Der geol. Aufbau Österr. 1980, 548–554.

HEISSEL, W.: Die geologischen Verhältnisse am Westende des Mitterberger Kupfererzganges (Salzburg). (Mit 3 Taf.) – Jahrb. Geol. B.-A., 90, 1945, S. 117–128, Wien 1947.

HEISSEL, W.: Die „Hochalpenüberschiebung" und die Brauneisenerzlagerstätten von Werfen – Bischofshofen (Salzburg). (Mit 3 Abb. und 2 Taf.) – Jahrb. Geol. B.-A., 98, S. 183–202, Wien 1955.

HEISSEL, W.: Die Großtektonik der westlichen Grauwackenzone und deren Vererzung, mit besonderen Bezug auf Mitterberg. – Erzmetall, 21, S. 227–231, Stuttgart 1968.

HIESSLEITNER, G.: Eine metamorphe Eisenerzlagerstätte im Venedigergebiet. – Berg- u. Hüttenmänn. Mh., 95, S. 132–141, Wien 1950.

HIESSLEITNER, G.: Ostalpine Erzmineralisation in Begleitung von vor- und zwischen-mineralisatorisch eingedrungenen Eruptivgesteinen. – Erzmetall, 7, S. 321–330, Stuttgart 1954.

HÖLL, R.: Scheelitvorkommen in Österreich, Erzmetall 24, H. 6, 1971, 273–282.

HÖLL, R.: Die Scheelitlagerstätte Felbertal und der Vergleich mit anderen Scheelitvorkommen in den Ostalpen, Abh. bayer. Akad. Wiss. m.-n. Kl. N. F. 157, München 1975, 1–114.

HÖLL, R.: Time- and Stratabound Early Paleozoic Scheelite, Stibnite and Cinnabar Deposits in the Eastern Alps, Verh. Geol. B.-A. Wien 1979, 369–387.

HOLZER, H.: Erläuterungen zur Karte der Lagerstätten mineralischer Rohstoffe der Republik Österreich. – Erläuterungen zur Geologischen und zur Lagerstätten-Karte 1:1,000.000 von Österreich, S. 29–65, Wien: Geol. B.-A. 1966.

HOLZER, H. F.: Über Uran-Indikationen im Kupferbergbau Mitterberg (Salzburg), Berg- u. Hüttenm. Mitt. 122, Wien 1977, 302–304.

HOLZER, H.: Erze in: Der geol. Aufbau Österr. 1980, 531–538.

HOLZER, H.: Industrieminerale, ebenda 538–542.

IMHOF, K.: Das Adelsgesetz für das Goldfeld der Hohen Tauern im Sonnblickmassiv. – Berg- u. Hüttenmänn. Jahrb., 82, S. 1–16, Wien 1934.

KIESLINGER, A.: Zur Frage der Entstehung einiger alpiner Talklagerstätten. – Centralbl. f. Min., 1923, S. 463–469, Stuttgart 1923.

KIESLINGER, A.: Das Tauerngold. – Zeitschr. Dt. A.-V., 71, S. 137–142, München 1940.

KIESLINGER, A.: Die Bausteine des Gasteiner Tales. – Badgasteiner Badeblatt, 1948, 5, 6, 7, 27 S., Badgastein 1948.

KIESLINGER, A.: Die nutzbaren Gesteine Salzburgs. (Mit 134 Abb.) – Mitt. Ges. f. Salzburger Landeskunde, Ergänzungsband 4, XI, 435 S., Salzburg und Stuttgart: Bergland-Buch (1964).

KNOBLOCH, E.: Fossile Pflanzenreste aus der Kreide und dem Tertiär von Österreich, Verh. Geol. B.-A. Wien 1977, 415–426.

KÖTTNER, A.: Die Situation im österreichischen Braunkohlenbergbau, Mitt. Öst. Geogr. Ges. 117, Wien 1975, 407–410.

LECHNER, K., & PLÖCHINGER, B.: Die Manganerzlagerstätten Österreichs. – Sympos. sobre yacimientos de manganeso. T. 5, S. 299–313, XX Congr. geol. internat., Mexico 1956, Mexico 1956.

LECHNER, K., HOLZER, H., RUTTNER, A., & GRILL, R.: Karte der Lagerstätten mineralischer Rohstoffe der Republik Österreich 1 : 1,000.000, Wien: Geol. B.-A. 1964.

LEITMEIER, H.: Die Genesis des kristallinen Magnesits. – Centralbl. f. Min., *1917*, S. 446–456, Stuttgart 1917.

LEITMEIER, H.: Die Pb-Zn-Vorkommen auf der Achselalpe im Hollersbachtal in Salzburg. – Tsch. Min. u. Petr. Mitt., *47*, S. 376–382, Wien 1936.

LEITMEIER, H.: Das Smaragdvorkommen im Habachtal und seine Mineralien. – Tsch. Min. u. Petr. Mitt., *49*, S. 245–368, Wien 1937.

LEITMEIER, H.: Smaragdbergbau und Smaragdgewinnung in Österreich. – Berg- u. Hüttenmänn. Mh., *86*, S. 3–12, Wien 1938.

LEITMEIER, H.: Die Magnesitvorkommen Österreichs und ihre Entstehung. – Montan-Zeitung, *67*, S. 133–137; 146–153, Wien 1951.

LEITMEIER, H.: Die Entstehung der Spatmagnesite in den Ostalpen. – Tsch. Min. u. Petr. Mitt., F. 3, *3*, S. 305–331, Wien 1953.

LEITMEIER, H., & SIEGL, W.: Untersuchungen an Magnesiten am Nordrand der Grauwackenzone Salzburgs und ihre Bedeutung für die Entstehung der Spatmagnesite der Ostalpen. – Berg- u. Hüttenmänn. Mh., *99*, S. 201–235, Wien 1954.

LEITMEIER, H.: Sind die Ergebnisse geologischer und petrologischer Forschung in den Ostalpen unvereinbar? – Jahrb. Geol. B.-A. *98*, S. 33–66, Wien 1955.

LEOPOLD, G.: Lagerstättenkundliche Studie über Magnesit in den Ostalpen. – Zeitschr. Dt. Geol. Ges., *112*, S. 183–187, Hannover 1960.

LESKO, I.: Über die Bildung von Magnesitlagerstätten, Min. Depos. 7. Berlin 1972.

MALECKI, G.: Steine, Erden und Baustoffe in: Der geol. Aufbau Österr. 1980, 542–547.

MATZ, K. B.: Die Kupfererzlagerstätte Mitterberg (Mühlbach am Hochkönig, Salzburg). – Min. Mitt.-Bl. Joanneum, *1953*, S. 7–19, Graz 1953.

MEDWENITSCH, W.: Geologie und Tektonik der alpinen Salzlagerstätten. Vortrag. – Mitt. d. naturwiss. Arb.-Gem., *6*, S. 1–15, Salzburg 1955.

MEDWENITSCH, W.: Die Bedeutung der Grubenaufschlüsse des Halleiner Salzberges für die Geologie des Ostrandes der Berchtesgadener Schubmasse. (Mit 3 Abb. und 2 Tab.) – Zeitschr. Dt. Geol. Ges., *113*, S. 463–494, Hannover 1962.

MEDWENITSCH, W.: Zur Geologie des Halleiner und Berchtesgadener Salzberges. (Mit 2 Abb.) – Mitt. d. naturwiss. Arb.-Gem., *14*, S. 1–13, Salzburg 1963.

MEDWENITSCH, W.: Halleiner Salzberg (Dürrnberg). (Mit 2 Abb., 1 Taf. und 1 Tab.) – Verh. Geol. B.-A., Sonderheft F, S. 67–81, Wien 1963.

MEDWENITSCH, W.: Probleme der alpinen Salzlagerstätten. – Zeitschr. Dt. Geol. Ges., *115*, S. 863–866, Hannover 1966.

MEIXNER, H.: Eine neue Manganparagenese vom Schwarzsee („Kolsberger Alpe") bei Tweng in den Radstädter Tauern (Salzburg). – N. Jahrb. f. Min., Beil.-Bd. 69, A, S. 500–514, Stuttgart 1935.

MEIXNER, H.: Die Talklagerstätte Schellgaden im Lungau. – Zeitschr. f. angew. Min., *1*, S. 134–143, Berlin 1938.

MEIXNER, H.: Wulfenit von der Gehrwand, einem alten Blei-Zink-Bergbau des Typus Achselalpe (Hohe Tauern). – Berg- u. Hüttenmänn. Mh. *95*, S. 32–42, Wien 1950.

MEIXNER, H.: Piemontit aus Osttirol und Romeit aus den Radstädter Tauern. – N. Jahrb. f. Min., Mh. *1951*, S. 174–178, Stuttgart 1951.

MEIXNER, H.: Zur Landesmineralogie von Salzburg 1878–1962. – Tratz-Festschrift, S. 24–42, Salzburg 1964.

MOSTLER, H.: Bemerkungen zur Geologie der Co-Ni-Lagerstätte Nöckelberg bei Leogang, Salzburg. – Archiv für Lagerstättenforschung in den Ostalpen, 7, S. 32–45, Leoben 1967.

MOSTLER, H.: Alter und Genese ostalpiner Spatmagnesite unter besonderer Berücksichtigung der Magnesitlagerstätten im Westabschnitt der Nördlichen Grauwackenzone (Tirol, Salzburg), Veröff. Univ. Innsbr. 86, 1973.

PAAR, W.: Telluride der Gold-Nasturan-Paragenese von Mitterberg, Salzburg (Österreich), N. Jb. Min. Mh. 5, Stuttgart 1976, 193–202.

PAAR, W.: Oxidationsminerale eines Uranerz führenden Erzganges bei Mitterberg, Salzburg, Der Karinthin 78, Salzburg 1978, 23–29.

PAAR, W., SCHANTL, J., MEIXNER, H., &. GÜNTHER, W.: Vorbericht über eine Chromitvererzung vom Federweißschartl, Schladminger Tauern, Salzburg, Der Karinthin 79, Salzburg 1978, 69–71.

PAAR, W.: Die Uranknollen-Paragenese von Mitterberg (Salzburg, Österreich), N. Jb. Min. Abh. 131, Stuttgart 1978, 254–271.

PAAR, W. H., &. CHEN, T. T.: Gersdorffit (in zwei Strukturvarietäten) und Sb-hältiger Parkerit, Ni_3 (Bi, Sb) $_2S_2$ von der Zinkwand, Schladminger Tauern, Österreich, Tscherm. Min. Petr. Mitt. 26. Wien 1979, 59–67.

PAAR, W. H., &. CHEN, T. T.: Pb-Bi-(Cu)-Sulfosalts in Paleozoic Gneisses and Schists from Oberpinzgau, Salzburg Province, Austria, Tscherm. Min. Petr. Mitt. 27, Wien 1980, 1–16.

PAAR, W. H.: Freigold-Mineralisationen im Bereich des ehemaligen Kupferbergbaues Mitterberg, Salzburg, Die Eisenblüte 2 NF. 1981, 15–19.

PAAR, W. H., &. CHEN, T. T.: Ore Mineralogy of the Waschgang Gold-Copper Deposit, Upper Carinthia, Austria, Tscherm. Min. Petr. Mitt, 30, Wien 1982, 157–175.

PAAR, W. H., &. CHEN, T. T.: Telluride in Erzen der Gold-Lagerstätte Schellgaden und vom Katschberg-Autobahntunnel Nord, Der Karinthin 87, Klagenfurt 1982, 371–381.

PETRASCHECK, W.: Metallogenetische Zonen in den Ostalpen. – Comptes Rendus, XIV. Congr. Geolog. Internat. 1926, S. 1–13, Madrid 1928.

PETRASCHECK, W.: Die Magnesite und Siderite der Alpen. Vergleichende Lagerstättenstudien. – Sitzber. Akad. d. Wiss., mathem.-naturwiss. Kl., I, 141, S. 195–242, Wien 1932.

PETRASCHECK, W.: Die alpine Metallogenese. – Jahrb. Geol. B.-A., 90, 1945, S. 129–149, Wien 1947.

PETRASCHECK, W. E.: Zusammenstellung der Bodenschätze Salzburgs. – (Unveröffentlichtes Manuskript) 1945.

PETRASCHECK, W. E.: Der tektonische Bau des Hallein-Dürrnberger Salzberges. (Mit 3 Taf. und 6 Textfig.) – Jahrb. Geol. B.-A., 90, 1945, S. 3–20, Wien 1947.

PETRASCHECK, W. E.: Der Gipsstock von Grubach bei Kuchl. – Verh. Geol. B.-A., 1947, S. 148–1952, Wien 1949.

PETRASCHECK, W. E.: Großtektonik und Erzverteilung im mediterranen Kettensystem. – Sitzber. Österr. Akad. d. Wiss., mathem.-naturwiss. Kl., Abt. I, 164, S. 109–130, Wien 1955.

PETRASCHECK, W. E.: Die zeitliche Gliederung der ostalpinen Metallogenesen. – Sitzber. Österr. Akad. d. Wiss., mathem.-naturwiss. Kl., Abt. I, 175, S. 57–74, Wien 1966.

PETRASCHECK, W. E.: Zur Altersbestimmung einiger ostalpiner Erzlagerstätten, Mitt. Öst. Geol. Ges. 68, Wien 1975, 79–87.

PETRASCHECK, W. E.: Uranerz in Österreich, Berg- u. Hüttenm. Mh. 120, Wien 1975, 353–355.

PLÖCHINGER, B.: Fossile Bakterien in den Tennengebirgs-Manganschiefern? – Mikroskopie 7, S. 197–201, Wien 1952.

PLÖCHINGER, B.: Die Hallstätter Deckscholle östlich von Kuchl/Salzburg und ihre in das Aptien reichende Roßfeldschichten-Unterlage. (Mit 2 Abb. und 1 Taf.) – Verh. Geol. B.-A., 1968, S. 80–86, Wien 1968.

POSEPNY, F.: Die Goldbergbaue der Hohen Tauern mit besonderer Berücksichtigung des Rauriser Goldberges. – Archiv f. prakt. Geol., 1, 256 S., Wien: Hölder 1879.

PREUSCHEN, E.: Die Salzburger Schwemmlandlagerstätten. (Mit 3 Abb.) – Berg- u. Hüttenmänn. Mh., 86, S. 36–45, Wien 1938.

REDLICH, K. A.: Das Bergrevier des Schwarzleotales bei Leogang. – Zeitschr. f. prakt. Geol., 1917, S. 41–49, Berlin 1917.

REDLICH, K. A.: Über einige wenig bekannte kristalline Magnesitlagerstätten Österreichs. – Jahrb. Geol. B.-A., 85, S. 101–122, Wien 1935.

RUTTNER, A.: Die Bauxitvorkommen der Oberkreide in den Ostalpen, Ann. Inst. Geol. Hung. 54, Budapest 1970.

SCHERMANN, O.: Bericht über die untertägige Uranprospektion im Bergbau Mitterberg, Verh. Geol. B.-A. Wien 1972, 96–97.

SCHERMANN, O.: Beitrag zur Kenntnis der Mineralisation des Mitterberger Erzganges: Telluride, Anz. Akad. Wiss. m.-n.-Kl. Wien 1972, 185–187.

SCHNEIDER, H. J.: Neue Ergebnisse zur Stoffkonzentration und Stoffwanderung in Blei-Zink-Lagerstätten der nördlichen Kalkalpen. – Fortschr. d. Min., 32, S. 26–30, Stuttgart 1953.

SCHNEIDERHOEHN, H.: Genetische Lagerstättengliederung auf geotektonischer Grundlage. – N. Jahrb. f. Min., Mh. 1952, S. 47–89, Stuttgart 1952.

SCHMÖLZER, A.: Bautechnisch wichtige österreichische Gesteinsvorkommen. Österreichische Diabase, unter besonderer Berücksichtigung des Diabasvorkommens bei Saalfelden in Salzburg. – Architektur und Bautechn., 18, S. 465 f., Wien 1931.

SCHRAMM, J. M.: Magnesitkomponenten in der Basalbrekzie (Unterrotliegend?) östlich Saalfelden, Veröff. Univ. Innsbr. 86, 1973, 281–288.

SCHULZ, O.: Metallogenese im Paläozoikum der Ostalpen, Geol. Rdsch. 63, Stuttgart 1974, 93–104.

SCHULZ, O.: Metallogenese in den österreichischen Ostalpen, Verh. Geol. B.-A. Wien 1979, 471–478.

SCHWINNER, R.: Tektonik und Erzlagerstätten in den Ostalpen. – Zeitschr. Dt. Geol. Ges. *94*, S. 180–183, Berlin 1942.

SCHWINNER, R.: „Ostalpine Vererzung und Metamorphose" als Einheit? – Verh. Geol. B.-A., *1946*, S. 52–61, Wien 1949.

SCHWINNER, R.: Gebirgsbau, magmatische Zyklen und Erzlagerstätten in den Ostalpen. – Berg- u. Hütten-männ. Mh., *94*, S. 134–143, Wien 1949.

SIEGL, W.: Die Magnesite der Werfener Schichten im Raum Leogang bis Hochfilzen sowie bei Ellmau in Tirol. – Radex-Rundschau, *1964*, S. 178–191, Radenthein 1964.

SIEGL, O.: Die Uranparagenese von Mitterberg (Salzburg), Tscherm. Min. Petr. Mitt. 3. F. 17, Wien 1972, 263–275.

SPROSS, W.: Die Entwicklung des Wolframbergbaues Mittersill, Berg- u. Hüttenm. Mh. 120, Wien 1975.

TUFAR, W.: Zur Altersgliederung der ostalpinen Vererzung, Geol. Rdsch. 63, Stuttgart 1974, 105–124.

TUFAR, W.: Mikroskopisch-lagerstättenkundliche Charakteristik ausgewählter Erzparagenesen aus dem Alt-kristallin, Paläozoikum und Mesozoikum der Ostalpen, Verh. Geol. B.-A. Wien 1979, 499–528.

TUFAR, W.: The Eastern Alps and their Ore deposits, Erzmetall 33, H. 3, Weinheim 1980, 153–162.

TUFAR, W.: Die Vererzung der Ostalpen und Vergleiche mit Typlokalitäten anderer Orogengebiete, Mitt. Öst. Geol. Ges. 74/75, Wien 1981, 265–306.

UNGER, H.: Geologische Untersuchungen im Bereich des Mitterberger Hauptganges. – Sympos. Internaz. sui Giamenti minerari delle Alpi, Trento 1966.

UNGER, H.: Geologische Untersuchungen im Kupferbergbau Mitterberg in Mühlbach/Hochkönig (Salz-burg). – Unveröff. Diss. Univ. Innsbruck, 61 Bl., Innsbruck 1967.

WEBER-PAUSWEG-MEDWENITSCH: Zur Mitterberger Kupfervererzung s. u. Grauwackenzone.

ZSCHOCKE, K.: Der Kalzitbergbau Stegbachgraben in St. Johann im Pongau. – Montan-Zeitung, *65, 8,* S. 11–12, Wien 1949.

13. Hydrogeologie

ABEL, G.: Wasser wandern durch den Berg. Der Hochkarst des Tennengebirges und seine unterirdischen Wasserläufe. – Universum, *1*, S. 49–52, Wien 1946/1947.

ABEL, G.: Der alpine Karst als Wasserspeicher. – Gas, Wasser, Wärme, *4*, S. 259–264, Wien 1950.

ABEL, G.: Die Entstehung der Eisriesenwelt. Vortrag. – Mitt. d. naturwiss. Arb.-Gem., *2*, S. 1–10, Salzburg 1951.

ABEL, G.: Die Tantalhöhle im Hagengebirge geologisch betrachtet. Vortrag. – Mitt. d. naturwiss. Arb.-Gem., *5*, S. 19–28, Salzburg 1954.

ABEL, G.: Das Seilbahnprojekt und die Wasserversorgung aus dem Untersberg. Vortrag. – Mitt. d. natur-wiss. Arb.-Gem., *8*, S. 1–11, Salzburg 1955.

BISTRITSCHAN, K., & FIEBINGER, K.: Die Tiefenerosion der Salzach im weiteren Bereiche der Stadt Salzburg. – Geologie und Bauwesen, *18*, S. 243–246, Wien 1951.

BRANDECKER, H., MAURIN, V., & ZÖTL, J.: Hydrogeologische Untersuchungen und baugeologische Erfah-rungen beim Bau des Diessbachspeichers (Steinernes Meer). (Mit 10 Abb. und 5 Taf.) – Steir. Beitr. z. Hydrogeol., *1965*, S. 67–111, Graz 1965.

BRANDECKER, H.: Hydrogeologie des Salzburger Beckens = Steir. Beitr. Hydrog. 26, Graz 1974, 5–39.

BRANDECKER, H., &. MAURIN, V.: Die Trinkwasserreserven des südlichen Salzburger Beckens und seiner Umrahmung, Österr. Wasserwirtsch. 34, H. 5/6, Wien–New York 1982, 105–156.

CZOERNIG-CZERNHAUSEN, W.: Die Höhlen des Landes Salzburg und seiner Grenzgebirge. Mit einem Beitrag „Zur Geologie der Salzburger Höhlen" von M. HELL. (Mit 1 Karte und 20 Taf.) 159 S. – Salzburg: Ver. f. Höhlenkunde 1926.

GATTINGER, T. E.: Hydrogeologie in: Der geologische Aufbau Österr. 1980, 580–594.

KRAMER, H., &. KRÖLL, A.: Die Untersuchungsbohrung Vigaun U 1 bei Hallein in den Salzburger Kalk-alpen, Mitt. Öst. Geol. Ges. 70, Wien 1979, 1–10.

SEEFELDNER, F.: Karsthydrographische Beobachtungen am Untersberg. – Mitt. über Höhlen- u. Karstfor-schung, *1937*, S. 30–39, 's-Gravenhage 1937.

STINY, J.: Wasserspeicherung in Karsthohlformen. – Geologie und Bauwesen, *19*, S. 258–273, Wien 1952.

THURNER, A.: Hydrogeologie. (Mit 187 Textabb.) XIV, 350 S. – Wien: Springer 1967.

TOUSSAINT, B.: Hydrogeologie und Karstgenese des Tennengebirges (Salzburger Kalkalpen) = Steir. Beitr. Hydrog. 23, Graz 1971, 5–115.

TOUSSAINT, B.: Hydrographie, Hydrogeologie und Abflußverhalten des Lammertalgebietes im Hinblick auf natürliche und künstliche Grundwasseranreicherung im südlichen Salzburger Becken = Steir. Beitr. Hydrog. 30, Graz 1978, 83–122.

ZÖTL, J.: Karsthydrogeologie, Wien–New York 1979.

Erklärung der wichtigsten Fachausdrücke

Allochthon: aus anderem Heimatgebiet herantransportiert.
Alpidische Orogenese: Gebirgsbildung während der Kreide und des Tertiär.
Altkristallin: Vor dem Kambrium gebildete kristalline Gesteine.
Amphibolit: Hornblendegneis.
Anchizone: Zone mit sehr schwacher Metamorphose.
Autochthon: Bodenständig.
Basisch: Gesteine mit weniger als 50% SiO_2.
Biotit: Dunkler Glimmer.
Blattverschiebung: Horizontalverschiebung längs einer Kluft.
Breccie: Verfestigter Schutt meist mit eckigen Komponenten.
Bruch: Vertikalverschiebung längs einer Kluft.
Deltaschotter: Schräggeschichtete Schotter, von einem Fluß oder Bach in ein stehendes Gewässer geschüttet.
Diabas: Geologisch alter basischer Vulkanit.
Diagenese: Verfestigung eines frisch abgesetzten lockeren Sedimentes.
Diffluenz: Auseinanderfließen zweier Gletscherarme.
Diskordant: Nach Unterbrechung der Sedimentation auf ältere Schichten übergreifende Schichtung.
Drumlins: Radial verlaufende Hügelrücken in einem Gletscherzungenbecken, aus Grundmoränen- und oft auch Schottermaterial aufgebaut.
Epirogenese: Weitgespannte Vertikalbewegung.
Epizone: Tiefenstufe umgewandelter Gesteine mit schwacher Metamorphose.
Erratika: Vom Gletschereis im Ferntransport herangebrachte Geschiebe.
Erstarrungsgesteine (Eruptiva): Aus der Erstarrung glutflüssiger Schmelzen entstandene Gesteine.
Eugeosynklinale: Bereich mit stärkster Senkung eines Troges.
Evaporit: Durch Verdampfung entstandenes Gestein.
Fallen: Neigung einer Schicht.
Fazies: Ausbildungsweise der Gesteine.
Fenster: Durch Abtragung freigelegter Teil einer tieferen, ringsherum von einer höheren bedeckten tektonischen Einheit.
Geosynklinale: Langsam sinkender Erdstreifen, in dem mächtige Flachwassersedimente abgesetzt werden.
Gradierte Schichtung: s. u. Turbidit.
Granitisation: Granitbildung aus anderen Gesteinen durch Lösungsumsatz.
Grauwacke: Übergang von Sandstein zu Konglomerat.
Hangend: Nächsthöhere Gesteinslage.
Helvetikum: Deckengruppe der nördlichen Schweizer Alpen, die sich am Nordsaum der Ostalpen weiter verfolgen läßt.
Hochterrasse: Aus Endmoränen hervorgehende Flußschotter der Rißeiszeit.
Interglazial: Zwischeneiszeit.
Intermediär: Zwischenglieder zwischen sauren und basischen Gesteinen.
Interstadial: Zeit zwischen zwei kurzen Eisvorstößen.
Intrusion: Eindringen schmelzflüssiger Gesteinskörper, die in der Tiefe erstarren.
Inverse Lagerung: Verkehrte Lagerung von Gesteinen.
Kaledonische Orogenese: Gebirgsbildung während des Silur und Devon.
Katazone: Tiefste der Tiefenzonen umgewandelter Gesteine.
Kinematisch: Mit der Bewegung des Gebirges zusammenhängend.
Klastisch: aus Gesteinstrümmern zusammengesetzt.
Konglomerat: Verfestigter Fluß- oder Brandungsschotter.
Kretazisch: Zur Kreidezeit gehörig.
Kristalline Schiefer: Aus Erstarrungs- oder Absatzgesteinen durch Umwandlung gebildete Gesteine.
Kristallisation: Bildung von Kristallen.
Lakuster: In einem See gebildet.
Liegend: Nächsttiefere Gesteinslage.
Lithologisch: Der Gesteinsbeschaffenheit nach.
Lumachelle: Breccie aus angehäuften Muschelschalen.

Lydit: Kieselschiefer.

Magma: Glutflüssige Schmelze.

Marin: Im Meer gebildet.

Marmor: Im eigentlichen Sinn durch Metamorphose hochkristallin gewordener Kalk; daneben technische Bezeichnung für schleifbare Kalke (z. b. Adneter oder Untersberger Marmor).

Mesozone: Mittlere der Tiefenstufen umgewandelter Gesteine.

Metamorphose: Gesteinsumwandlung in tieferen Teilen der Erdkruste.

Metasomatose: Verdrängung des ursprünglichen Gesteins durch Lösungsumsatz.

Migmagranit: Mischgestein mit zugeführtem granitischem Material.

Migmatit: Mischgestein aus granitischem und älterem Material.

Mikropaläontologie: Wissenschaft von den fossilen Kleinlebewesen.

Miogeosynklinale: Gebiet einer Geosynklinale mit Flachwassersedimentation.

Molasse: Sedimente des Alpenvorlandes.

Muskowit: Heller Glimmer.

Mylonit: Durch mechanische Zertrümmerung deformiertes Gestein.

Niederterrasse: Aus Endmoränen hervorgehende Flußschotter der Würmeiszeit.

Oberostalpin: Höchste Deckengruppe der Ostalpen (in Salzburg: Grauwackenzone und Nördliche Kalkalpen).

Olistholith: Infolge tektonischer Unruhe abgeglittenes und in der tonigen Matrix eines Olisthostroms eingebettetes eckiges Gesteinsstück.

Olisthostrom: Submarine Blockmure.

Ophiolith: Basischer Vulkanit der ozeanischen Kruste.

Orogenese: Gebirgsbildung.

Orthogneis: Durch Metamorphose aus einem Erstarrungsgestein gebildet.

Os (Mehrzahl Oser): Im Bereich des Gletscherendes vom Schmelzwasser aufgeschütteter Schuttwall.

Paläontologie: Wissenschaft von den fossilen Lebewesen.

Paradiagenetisch: Während der Diagenese vor sich gehend.

Paragneis: Durch Metamorphose aus einem Sedimentgestein gebildeter Gneis.

Parautochthon: Nur lokal über die Umgebung bewegt.

Penninikum: Deckengruppe der südlichen Schweizer Alpen, nach verbreiteter Annahme im „Tauernfenster" wieder auftauchend.

Petrographie: Lehre von den Gesteinen und ihrer Bildung.

Phyllit: Metamorpher gefältelter Tonschiefer der Epizone.

Pluton: in der Tiefe erstarrte Magmamasse.

Polygen: Aus verschiedenartigen Gemengteilen zusammengesetzt.

Postglazial: Nacheiszeitlich.

Posttektonisch: Nach der Durchbewegung der Gesteine.

Quarzit: Aus Quarzsandstein durch Metamorphose gebildetes Gestein.

Rauhwacke: Zelliges Gestein mit kalzitischen Scheidewänden.

Regression: Zurückweichen des Meeres.

Salinar: Bereich mit Salz- und Gipsbildung.

Sauer: Gesteine mit mehr als 60% SiO_2.

Schlier: Sammelbezeichnung für sandig-tonige Gesteine des Alpenvorlandes.

Sedimentation: Absatz von Gesteinen.

Seismik: Geophysikalische Untersuchungsmethode mittels künstlicher Erdbebenwellen (Reflexions- und Refraktionsseismik).

Serizit: Feinschuppiger Muskowit (Hellglimmer).

Stratigraphie: Lehre von den Gesteinslagen und ihrer zeitlichen Abfolge.

Streichen: Richtung der Schnittgeraden einer Schicht mit der Horizontalebene.

Subaquatisch: Unter Wasser.

Subduktion: Schräges Abtauchen ozeanischer unter kontinentale Kruste.

Synsedimentär: Gleichzeitig mit der Sedimentation (Absatz) von Gesteinsschichten.

Syntektonisch: Gleichzeitig mit den Bewegungen erfolgt.

Tektonik: Durch Bewegungen bedingter Bau der Erdrinde (bzw. die Lehre davon).

Transgression: Vordringen des Meeres über Festland.

Tuffit: Im Wasser abgelagerter vulkanischer Tuff.

Turbidit: Durch Trübungsströmungen (turbidity currents), die Schwebstoffe weit ins Meer transportieren, gebildetes Gestein, häufig mit gradierter Schichtung (hangend feinkörnig, liegend grobkörnig).

Ultrahelvetisch: Südlichster Teil der helvetischen Deckenregion.

Unterostalpin: Zwischen Penninikum und Mittelostalpin eingeschaltete Deckengruppe.

Variskische (variszische) Orogenese: Gebirgsbildung während des Karbon und Perm.

Vergenz: Neigung einer asymmetrischen Falte, allgemein Richtung der Gebirgsbewegung.

Vulkanit: Ergußgestein (aus Vulkan ausgetreten).

Zentralgneis: Orthogneis der Hohen Tauern (meist aus Granit entstanden).

Geolog. u. verwandte Veröffentlichungen von Walter DEL-NEGRO
(nach einem von ihm selbst zur Verfügung gestellten Verzeichnis)

1. Zur Zeitbestimmung des juvavischen Einschubes. In: Geologische Rundschau. 21, Berlin 1930. S. 302–304.
2. Über die Bauformel der Salzburger Kalkalpen. In: Verhandlungen der Geologischen Bundesanstalt. Jg. 1932, Wien 1932. S. 120–129.
3. Beobachtungen in der Flyschzone und am Kalkalpenrand zwischen Kampenwand und Traunsee. In: Verhandlungen der Geologischen Bundesanstalt. Jg. 1933, Wien 1933. S. 117–125, 8 Fig.
4. Der geologische Bau der Salzburger Kalkalpen. In: Mitteilungen für Erdkunde. 1934, Linz 1934. S. 2–13, 18–31, 66–69, 98–111, 130–142, 162–176.
5. Bemerkungen zu F. TRAUTHs neuer Synthese der Östlichen Nordalpen. In: Verhandlungen der Geologischen Bundesanstalt. Jg. 1938, Wien 1938. S. 111–113.
6. Zum Streit über die Tektonik der Ostalpen. In Zeitschrift der Deutschen Geologischen Gesellschaft. 93, Berlin 1941.
7. Geologie von Salzburg. Innsbruck, Universitätsverlag Wagner, 1949/50. 348 Seiten, 16 Abb.
8. Historischer Überblick über die geologische Erforschung Salzburgs. In: Mitteilungen der Naturwissenschaftlichen Arbeitsgemeinschaft vom Haus der Natur in Salzburg. 1, 1950. S. 2–7.
9. Neue geologische Forschung in Salzburg. In: Mitteilungen der Naturwissenschaftlichen Arbeitsgemeinschaft vom Haus der Natur in Salzburg. 3/4, 1952/53. S. 1–9.
10. Das Problem der Dachsteindecke. In: Mitteilungen der Naturwissenschaftlichen Arbeitsgemeinschaft vom Haus der Natur in Salzburg. 3/4, 1952/53. S. 43–48.
11. Über einige neuere Tauernarbeiten. In: Mitteilungen der Naturwissenschaftlichen Arbeitsgemeinschaft vom Haus der Natur in Salzburg. 5, 1954. S. 47–53.
12. Der Südrand der Salzburger Kalkalpen. In: Mitteilungen der Naturwissenschaftlichen Arbeitsgemeinschaft vom Haus der Natur in Salzburg. 6, 1955. S. 15–21.
13. Probleme der Eiszeitgliederung. In: Mitteilungen der Naturwissenschaftlichen Arbeitsgemeinschaft vom Haus der Natur in Salzburg. 7, 1956. S. 52–56.
14. Berichte über die Salzburger Geologentagung im September 1956. In: Mitteilungen der Naturwissenschaftlichen Arbeitsgemeinschaft vom Haus der Natur in Salzburg. 8, 1957. S. 12–18.
15. Bericht über Kartierungsarbeiten in der Gaisberggruppe 1:25.000. In: Verhandlungen der Geologischen Bundesanstalt. Jg. 1957, Wien 1957. S. 41–47; dazu Ergänzungen ebenda Jg. 1958. S. 228–229; Jg. 1959. A 42–44; Jg. 1961. S. 19–20 und Jg. 1962. S. A 15.
16. Zur Geologie der Gaisberggruppe. In: Mitteilungen der Naturwissenschaftlichen Arbeitsgemeinschaft vom Haus der Natur in Salzburg. 9, 1958. S. 31–43.
17. Geologische Forschung in Salzburg 1949–1956. In: Mitteilungen der Geologischen Gesellschaft in Wien. Bd. 49, 1956, Wien 1958. S. 107–128.
18. C. W. KOCKELs „Umbau der Nördlichen Kalkalpen" und der Deckenbau der Salzburg Kalkalpen. In: Verhandlungen der Geologischen Bundesanstalt. Jg. 1958, Wien 1958. S. 86–89.
19. Zum Problem des Gollinger Schwarzenberges. In: Festschrift der Naturwissenschaftlichen Arbeitsgenossenschaft vom Haus der Natur in Salzburg zum 70. Geburtstag von E. P. TRATZ. Salzburg 1958. S. 4–8.
20. Überblick über neuere geologische Forschungen im Lande Salzburg. In: Mitteilungen der Naturwissenschaftlichen Arbeitsgemeinschaft vom Haus der Natur in Salzburg. 10, 1959. S. 23–31.
21. Neue Vorstellungen über den Bau der Ostalpen. In: Jahrbuch der Geologischen Bundesanstalt Wien. Bd. 105, Wien 1962. S. 1–18, 1 Fig.
22. Die Tauerntagung der österreichischen Geologen im September 1961. In: Mitteilungen der Naturwissenschaftlichen Arbeitsgemeinschaft vom Haus der Natur in Salzburg. 13, 1962. S. 14–26.
23. Fragen der Kalkalpentektonik. In: Mitteilungen der Naturwissenschaftlichen Arbeitsgemeinschaft vom Haus der Natur in Salzburg. 14, 1963. S. 45–57.
24. Probleme der Pleistozänentwicklung im Salzburger Becken. In: Mitteilungen der Naturwissenschaftlichen Arbeitsgemeinschaft vom Haus der Natur in Salzburg. 14, 1963. S. 59–72.
25. Stand und Probleme der geologischen Erforschung Salzburgs. In: Festschrift zum 75. Geburtstag von E. P. TRATZ. Salzburg 1964. S. 7–23.
26. Randbemerkungen zur ostalpinen Synthese. In: Veröffentlichungen des Hauses der Natur in Salzburg (Neue Folge). 3, 1965, S. 28–36.

27. Das Pleistozän im Salzburger Becken und seinen Ausläufern. In: EBERS – WEINBERGER – DEL-NEGRO: Der pleistozäne Salzach-Vorlandgletscher. München 1966. S. 166–215, 9 Abb.
28. Einführung in die Geologie. In: E. STÜBER: Salzburger Naturführer. Salzburg, Mayr-Melnhof-Verlag, 1967.
29. Moderne Forschungen über den Salzachvorlandgletscher. In: Mitteilungen der Österreichischen Geographischen Gesellschaft. Bd. 109, Wien 1967, H. I–III. S. 2–30, 1 Kte.
30. Zur Herkunft der Hallstätter Gesteine in den Salzburger Kalkalpen. In: Verhandlungen der Geologischen Bundesanstalt. Jg. 1968, Wien 1968. S. 45–53.
31. Die Lage der Stadt. In: Salzburg. Die schöne Stadt Salzburg. Residenzverlag 1968, S. 17–24. 31a, Salzburgs natürliche Landschaften. In: Salzburg. Das schöne Land. Salzburg. Residenzverlag 1969, S. 5–12.
32. Geologische Karte der Umgebung von Salzburg, Anteil Gaisberggruppe. Wien, Geologische Bundesanstalt, 1969.
34. Bemerkungen zu den Kartierungen L. WEINBERGERs im Traungletschergebiet (Atter- und Traunseebereich). In: Verhandlungen der Geologischen Bundesanstalt. Jg. 1969, Wien 1969. S. 12–15, 1 Tafel.
35. Das Bildungsgesetz der Alpen und Apenninen. In: Salzburger Universitätsreden. 40, 1969.
36. Salzburg. Bundesländerserie der Geologischen Bundesanstalt. 1. Auflage, Wien 1960. 2. Auflage, Wien 1970. 101 Seiten, 1 Abb., 2 Tafelbeilagen.
37. Zur Deckennatur des Hallstätter Bereiches um Dürrnberg. In: Berichte aus dem Haus der Natur in Salzburg. B 2, Salzburg 1971. S. 3–6.
38. Zur tektonischen Stellung des Hohen Göll (Salzburger Kalkalpen). In: Verhandlungen der Geologischen Bundesanstalt. Wien 1972. S. 309–314, 2 Abb.
39. Eberhard Fugger als Geologe. In: Mitteilungen der Gesellschaft für Salzburger Landeskunde. 110/111, Salzburg 1973. S. 465–470.
40. Abriß der Geologie von Österreich. Wien, Geologische Bundesanstalt, 1977. 138 Seiten, 3 Tafeln.
41. Zur Diskussion des Spätglazials im Salzburger Bereich. In: Beiträge zur Quartär- und Landschaftsforschung = FINK-Festschrift. Wien 1978. S. 83–87.
42. Erich Seefeldner – ein Hauptvertreter der Geomorphologie in Österreich. In: Mitteil. d. Österr. Geograph. Gesellsch., Bd. 120, II, 1978, S. 320–322, 1 Tafel.
43. Bau und Formen der Landschaft. In: Salzburger Land. Generalinformation. Salzburg, Residenz-Verlag 1979, S. 161–171.
44. Erläuterungen zur Geolog. Karte der Umgebung der Stadt Salzburg. Wien, Geologische Bundesanstalt, 1979. 41 Seiten, 4 Abb.
45. Der Bau der Gaisberggruppe, Mitt. d. Ges. Salzb. Landeskunde 119, 1981.
46. Nachtrag 1973 u. Nachwort 1979 zu: H. Hlauschek, Der Bau der Alpen und seine Probleme, Stuttgart 1983.
47. In memoriam Erich Seefeldner. In: Mitt. d. Österr. Geogr. Gesellsch., Bd. 124, Wien 1982, S. 222–224.

Del-Negro: Philosophische Schriften

A. Bücher:
1923 Die Rolle der Fiktionen in der Erkenntnistheorie Fr. Nietzsches, München (Rösl).
1926 Der Sinn des Erkennens, München (E. Reinhardt).
1942 Die Philosophie der Gegenwart in Deutschland, Leipzig (F. Meiner).
1958 Einbändige Kantausgabe (mit Einl. u. Kommentaren), Gütersloh (Bertelsmann).
1962 „Philosophie" und „Das Weltbild der Wissenschaften" in: H. v. Schwartze, Geschichte der Gegenwart, Salzburg (Bergland-Verlag).
1970 Konvergenzen in der Gegenwartsphilosophie u. die moderne Physik, Berlin (Duncker & Humblot)

B. Zeitschriftenaufsätze:
1922 Zum Streit über den philosophischen Sinn der Einsteinschen Relativitätstheorie, Arch. f. syst. Philos. N. F. XXVII.
1923 Relativitätstheorie und Wahrheitsproblem, Arch. f. syst. Philos. N. F. XXVIII.
1924 Die Fiktivität der Kantischen „Erscheinung", Anm. d. Philos. IV.
1925 Zum modernen Platonismus, Ann. d. Philos. V.
1925 Zum Wahrheitsproblem, Kantstudien XXX.
1926 Wahrheit und Wirklichkeit, Kantstudien XXXI.

1926 Der Sinn des Lebens – ein Problem der Ethik? Arch. f. syst. Philos. u. Soziologie XXXI.

1927 Zur philosophischen Zeitlage, Arch. f. syst. Philos. u. Soziol. XXXII.

1932 Das Strukturproblem in der Philos. d. Gegenwart, Kantstudien XXXVII.

1933 Antinomien des Sexualproblems, For. philos. I.

1933 Probleme vergleichender Stilgeschichte, Zeitschr. f. Aesth. u. allg. Kunstwissenschaft XXVII.

1934 H. Vaihingers philosophisches Werk mit besonderer Berücksichtigung seiner Kantforschung, Kantstudien XXXIX.

1934 Synthesen abendländischer Kunstgeschichte, Zeitschr. f. Aesth. u. allg. Kunstwissenschaft XXVII.

1935 Die Wandlungen der psychologischen Grundansicht und ihre Spiegelung in Gesellschaftsaufbau und Kunstentwicklung, Nederl. T. v. Psych. VIII.

1940 Psychologie und Metaphysik, Nederl. T. v. Psych. VIII.

1942 Nietzsche und die Gegenwart, Wandlungen des Nietzschebildes, Zeitschr. d. Doz. B. 1942.

1942 Weltanschauung und Sachlichkeit, Zeitschr. d. Doz. B. 1942.

1943 Idealismus und Realismus, Kantstudien XXXXIII.

1947 Die Ontologie der Wirklichkeit und das psychophysische Problem, Zeitschr. f. philos. Forsch. II.

1948 Die Begründung der Wahrscheinlichkeit und das Anwendungsproblem des Apriorischen, Zeitschr. f. philos. Forsch. III.

1950 Das Leib-Seele-Problem und die moderne Physik, Wissensch. u. Weltbild III.

1951 Wandlung des Materialismus, Zeitschr. f. philos. Forsch. V.

1953 Statistische Gesetze u. Determination, Zeitschr. f. philos. Forsch. VII.

1953 Von Brentano über Husserl zu Heidegger, Zeitschr. f. philos. Forsch. VII.

1955 Physik und Metaphysik, Festschr. BRG. f. M. Salzburg.

1956 Der „philos. Empirismus" von R. Pardo, Zeitschr. f. philos. Forsch. X.

1957 Ontologie als Wissenschaft vom Seienden, Zeitschr. f. philos. Forsch. XI.

1961 Erkennen und Sein, Zeitschr. f. philos. Forsch. XV.

1963 Zur Begegnung von Physik und Philosophie, Zeitschr. f. philos. Forsch. XVII.

1966 Diskussionsbemerkung zum aristotelisch-augustinischen Zeitparadoxon, Zeitschr. f. philos. Forsch. XX.

1968 Das Freiheitsproblem in naturphilos. Sicht, Zeitschr. f. philos. Forsch. XXII.

1968 Zum Stand des psycho-physischen Problems; Österr. Hochschulzeitung 15. XI. 1968.

1975 Zur Diskussion des Leib-Seele-Problems, Zeitschr. f. philos. Forsch. XXIX.

1979 Franz Hillebrand zum Problem der Induktion. Zeitschr. f. philos. Forsch. XXXIII.

C. Zahlreiche Buchbesprechungen.

Bildteil

Die folgenden Illustrationen sowie die auf dem Schutzumschlag stammen aus dem Landeskundlichen Luftbildatlas Salzburg von Lothar Beckel und Franz Zwittkovits, erschienen 1981 im Otto Müller Verlag Salzburg, dem wir für die freundliche Erlaubnis, die Bilder wiederzugeben, danken. Die Bilder wurden vom Bundesministerium für Landesverteidigung unter den Zahlen: 14918 RAbt. B/75, 14534 RAbt. B/76, 14543 RAbt. B/76, 13080/704 – 1.6.78, 13080/141 – 1.6.80 und vom Bundesministerium für Bauten und Technik mit Zl. GZ 46222/53-V/6/77 zur Veröffentlichung freigegeben.

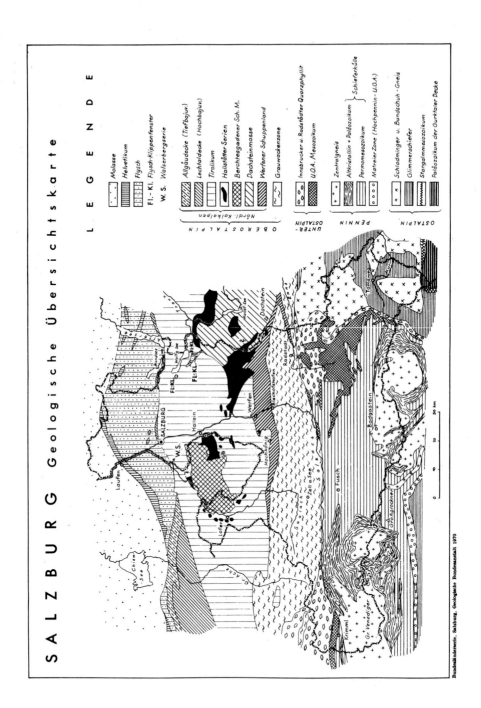

SALZBURG Geologische Übersichtskarte

LEGENDE

Molasse
Helvetikum
Flysch
Fl.-Kl. Flysch-Klippenfenster
W. S. Walserbergserie

Allgäudecke (Tiefbajuv.)
Lechtaldecke (Hochbajuv.)
Tirolikum
Hallstätter Serien
Berchtesgadener Sch. M.
Dachsteinmasse
Werfener Schuppenland
Grauwackenzone

Innsbrucker u. Radstädter Quarzphyllit
U.O.A. Mesozoikum

Zentralgneis
Altkristallin + Paläozoikum
Permomesozoikum
Matreier-Zone (Hochpennin – U.O.A.)

Schladminger u. Bundschuh - Gneis
Glimmerschiefer
Stangalmmesozoikum
Paläozoikum der Gurktaler Decke

Nördl. Kalkalpen

OBEROSTALPIN
UNTER-OSTALPIN
PENNIN
OSTALPIN

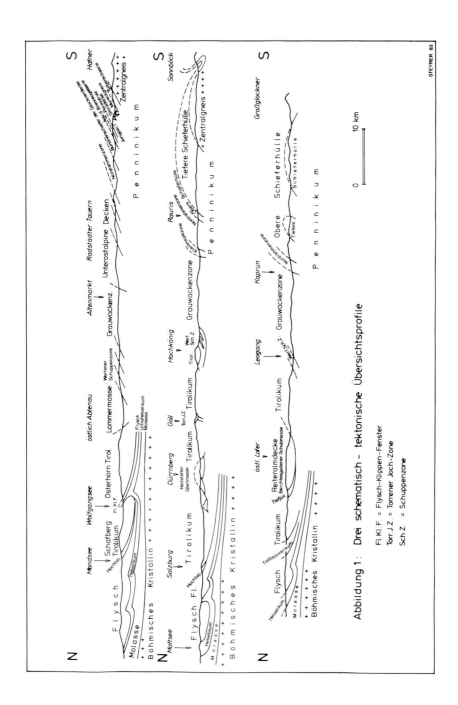

Abbildung 1: Drei schematisch – tektonische Übersichtsprofile

FI.Kl.F. = Flysch-Klippen-Fenster

Torr.J.Z. = Torrener Joch-Zone

Sch.Z.   = Schuppenzone

114

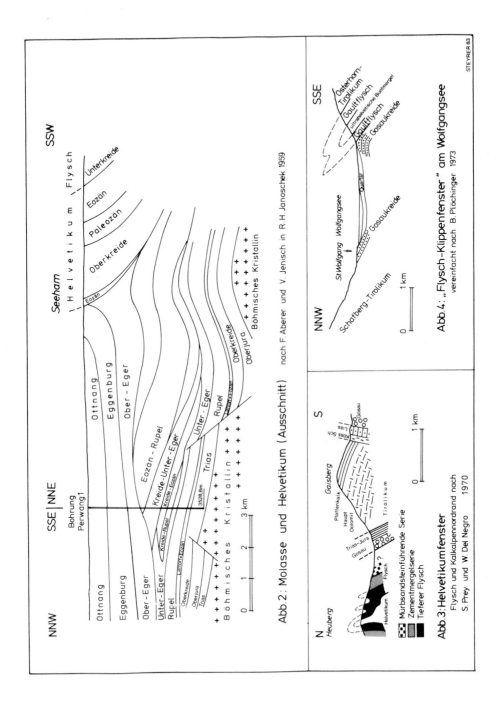

NNW   SSE | NNE   Seeham   SSW

Helvetikum   Flysch

Bohrung Perwang 1

Ottnang
Eggenburg
Ober - Eger
Unter - Eger
Rupel
Oberkreide
Oberjura
Trias

Böhmisches Kristallin

Eozän - Rupel
Kreide-Unter-Eger
Kreide-Rupel
Latiorf-Eozän
Kreide Eozän
3528,8m
Latiorf-Eozän

Trias

Ottnang
Eggenburg
Ober - Eger
Unter - Eger
Rupel
Oberkreide
Oberjura

Böhmisches Kristallin

Unterkreide
Eozän
Paleozän
Oberkreide
Eozän

Helvetikum Flysch

0 1 2 3 km

Abb. 2 : Molasse und Helvetikum (Ausschnitt)   nach F. Aberer und V. Jenisch in R.H. Janoschek 1959

STEYRER 83

NNW   SSE

Osterhorn-Tirolikum
Gaultflysch
ultrahelvetische Buntmergel
Gaultflysch
Gosaukreide
St.Wolfgang Wolfgangsee
Gosaukreide
Schafberg-Tirolikum

0   1 km

Abb. 4 : „Flysch-Klippenfenster" am Wolfgangsee
vereinfacht nach B. Plöchinger 1973

N   S

Heuberg   Gaisberg

Plattenkalk
Haupt Dolomit
Trias-Jura
Gosau
Tirolikum
Koss Sch-
Sch
Gosau
Helvetikum   Flysch ?

Mürbsandsteinführende Serie
Zementmergelserie
Tieferer Flysch

0   1 km

Abb. 3 : Helvetikumfenster
Flysch und Kalkalpennordrand nach
S. Prey und W. Del Negro 1970

115

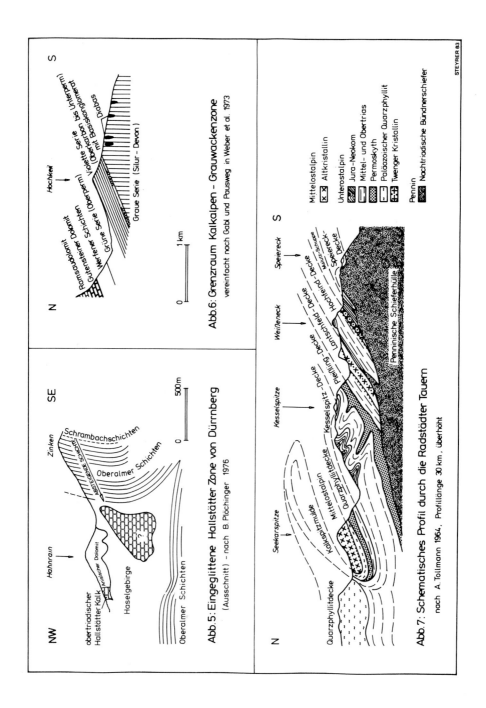

STEYRER 83

Abb.5: Eingeglittene Hallstätter Zone von Dürrnberg
(Ausschnitt) - nach B.Plöchinger 1976

Abb.6: Grenzraum Kalkalpen - Grauwackenzone
vereinfacht nach Gabl und Pausweg in Weber et al. 1973

Abb.7: Schematisches Profil durch die Radstädter Tauern
nach A. Tollmann 1964. Profillänge 30 km, überhöht

Mittelostalpin

Unterostalpin

Jura-Neokom

Mittel- und Obertrias

Permoskyth

Paläozoischer Quarzphyllit

Twenger Kristallin

Altkristallin

Pennin

Nachtriadische Bündnerschiefer

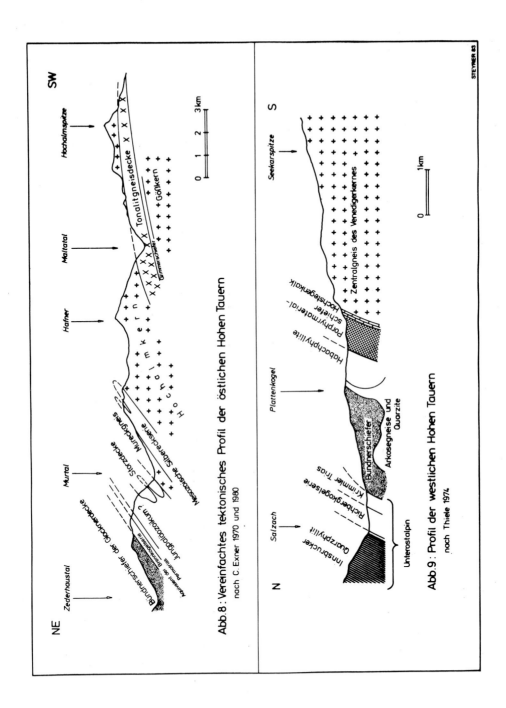

Abb. 8: Vereinfachtes tektonisches Profil der östlichen Hohen Tauern
nach C. Exner 1970 und 1980

Abb. 9: Profil der westlichen Hohen Tauern
nach Thiele 1974

STEYRER 83

117

ENDMORÄNEN UND ZWEIGBECKEN DES SALZACHGLETSCHERS (nach Ebers und Weinberger)

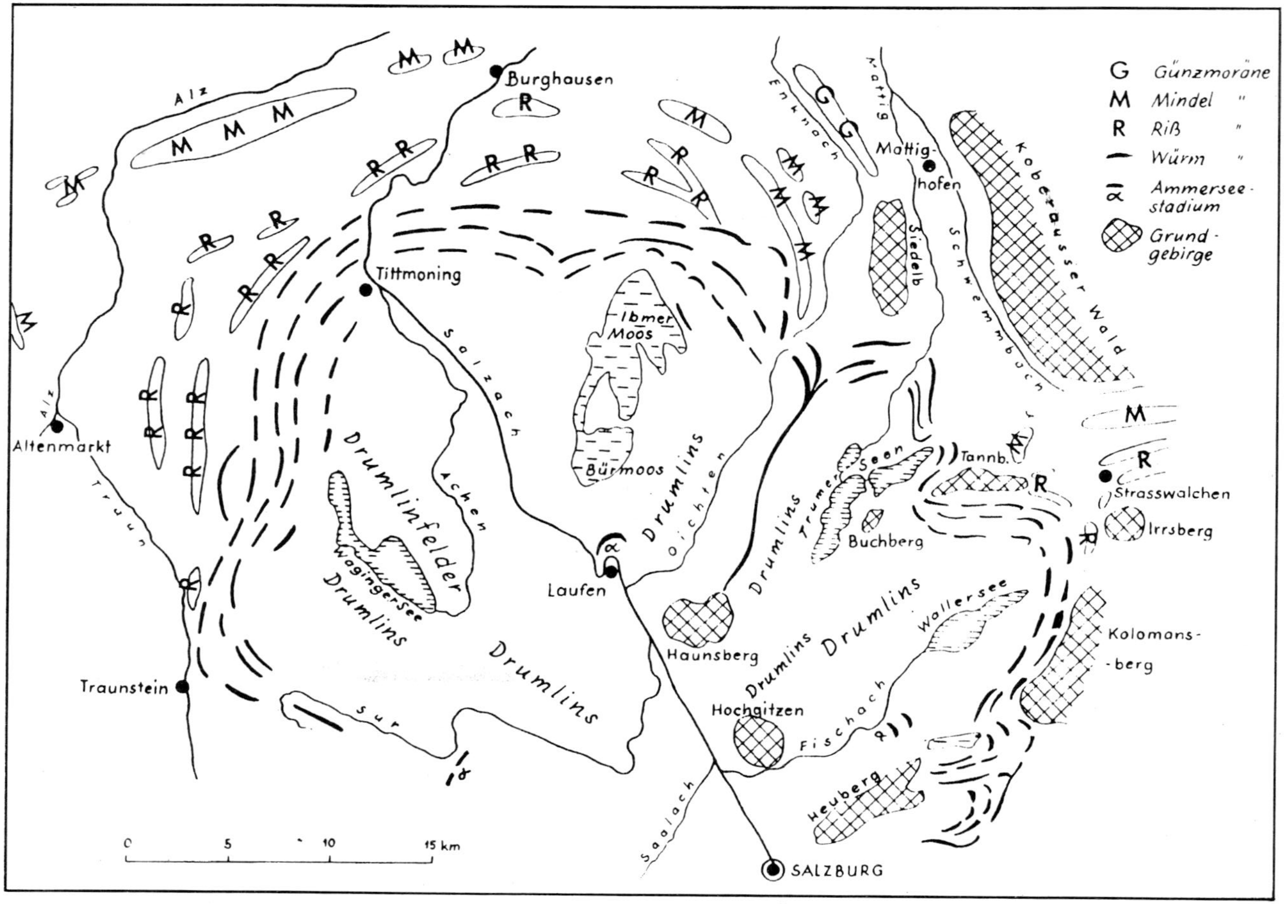

G Günzmoräne
M Mindel "
R Riß "
| Würm "
α Ammersee-
   stadium
▨ Grund-
   gebirge

Abb. 10

(Änderungen nach GRIMM et al. vgl. im Text)

118

Abb. 11: Die Gemeinde **Mattsee** mit der aus Eozängesteinen des Helvetikum bestehenden Felsrippe des Wartsteins und des Schloßberges; im Hintergrund Molasse, im Vordergrund Flysch und Moräne; die Seen (l. Obertrumer, r. Niedertrumer See) in einem
Zweigbecken des Salzachgletschers.

Abb. 13 (oben): **Kalkalpennordrand** zwischen Mond- und Fuschlsee mit Drachenwand und Schober, hauptsächlich aus Wettersteinkalk des Tirolikum bestehend, durch ein schmales Band der hochbajuvarischen Decke vom unterlagernden Flysch getrennt. Die Seen (vorne Mondsee, hinten Fuschlsee) in Zweigbecken des Traungletschers.

Abb. 12 (links): **Flyschzone** mit Egelseen (vorne) und Wallersee (hinten), größtenteils von Grundmoränen bedeckt. Der Wallersee in einem Zweigbecken des Salzachgletschers, dahinter der Flyschrücken des Kolomansberges.

121

Abb. 15: **Hoher Göll.** Ganz links massiger Dachsteinriffkalk, der nach Norden in gebankten lagunären Dachsteinkalk übergeht; auf diesem transgrediert Oberalmer Kalk (Oberjura), dem Schrambachschichten (Unterkreide) auflagern (r. u.).

Abb. 14 (links): **Gebiet von Strobl;** südlich davon, rechts von der dunklen Masse des Sparber das Ultrahelvetikum-Flysch-Fenster, dahinter Tirolikum der Osterhorngruppe weiter Kalkhochalpen und Tauern. Der Wolfgangsee (r.) in einem Zweigbecken des Traungletschers.

Abb. 16: **Salzburger Becken** mit Umrahmung; r. im Hintergrund Alpenvorland und helvetische Zone, anschließend Flyschzone (Teisenberg, Höglberg), Tirolikum der Kalkvoralpen (Sonntagshorn, Staufen, Festungs- und Kapuzinerberg, Gaisberggruppe),

Kalkhochalpen (Hochjuvavikum Untersberg, Lattengebirge und Reiteralm; Tirolikum vom Loferer Steinberg bis zum Steinernen Meer); bei Dürrnberg Hallstätter Zone. Das tektonisch vorgebildete Becken war Stammbecken des Salzachgletschers.

126

Abb. 17: **Salzachtal bei Golling,** Hallstätter Zone der Lammermasse, Schwarzenberg
(l.), Tennengebirge (r.) mit nordwärts einfallendem Dachsteinkalk (Tirolikum); im
Hintergrund der Dachstein.

Abb. 18: **Karst des Hagengebirges** (Dachsteinkalk, Tirolikum) mit Dolinengassen längs Bruchlinien und stirnfaltenartiger Abbeugung der lagunären Kalkbänke. Im Hintergrund der Hochkönig.

Abb. 19: **Ostteil des Hochkönigs.** Im Vordergrund Grauwackenzone, darüber Trias-gesteine: unterer Wandteil Ramsaudolomit, die kleine Terrasse darüber durch kar-nische Schiefer bedingt, höherer Wandteil Dachsteinriffkalk mit typischen Zacken-formen in der Mandlwand.

131

Abb. 20: **Karst des Tennengebirges** (Dachsteinkalk, Tirolikum) mit Dolinen und aus der Vereinigung von Dolinen hervorgegangenen Uvalas bei der Pitschenbergalm (Bildmitte).

Abb. 21: **Schwarze Wand** in den Radstädter Tauern, nach Norden (l.) weisende Liegendfalten aus Triasdolomit und Schiefer.

Abb. 22: **Panoramaaufnahme des Mittelpinzgaues.** Im Vordergrund Nordrahmenzone des Tauernfensters, unterbrochen durch das Fuscher Tal, das in das Salzachlängs-

Abb. 23: **Salzachlängstal bei Schwarzach.** Links Grauwackenzone, durch die deutlich sichtbare geradlinige Tauernrandstörung von der Klammkalkzone getrennt, deren Kalke als Rippen zwischen weicheren Phyllitstreifen hervortreten.

tal einmündet; hinter diesem Grauwackenzone mit der Furche des Zellersees, im Hintergrund die Kalkhochalpen.

Abb. 24: **Scheitelstrecke der Glocknerstraße** mit Blick auf die Glocknergruppe (Obere Schieferhülle mit Kalkglimmerschiefern und Prasiniten), im Hintergrund der Großvenediger (Zentralgneis).

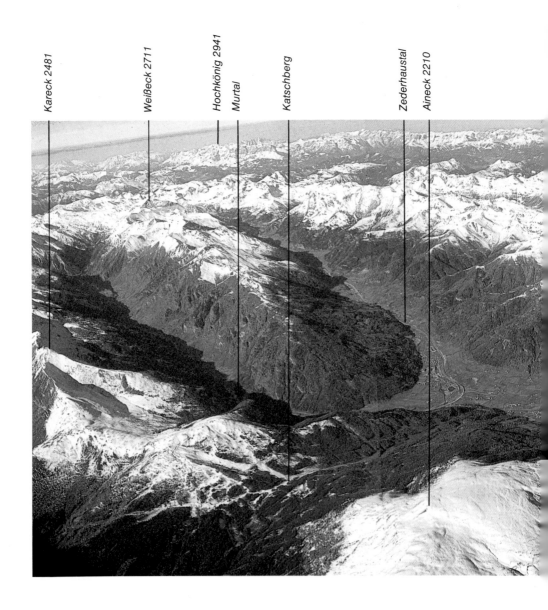

Abb. 25: **Lungau.** Links Radstädter Tauern (Unterostalpin, großteils mesozoische Gesteine), anschließend Schladminger Tauern (mittelostalpines Kristallin), deren Täler in das zentrale Tertiärbecken einmünden; der Großteil der südlichen Umrahmung ist aus mittelostalpinen Granatglimmerschiefern aufgebaut.

Abb. 26: **Habachtal** (westliche Hohe Tauern), großenteils in die paläozoische »Habachserie«, zum kleineren Teil in Zentralgneis eingeschnitten; die glazial bedingte Trogform mit den Trogschultern ist gut zu sehen.

Bundschuhtal

Preber 2740

Tamsweg
Thomatal

Krakauhintermühlen

Muhr

Gstoder 2140
Ramingstein

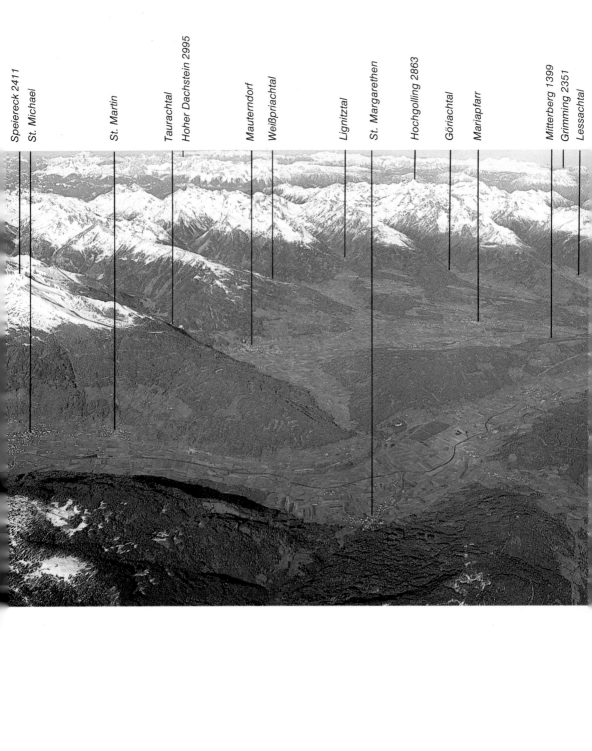

Speiereck 2411
St. Michael
St. Martin
Taurachtal
Hoher Dachstein 2995
Mauterndorf
Weißpriachtal
Lignitztal
St. Margarethen
Hochgolling 2863
Göriachtal
Mariapfarr
Mitterberg 1399
Grimming 2351
Lessachtal

Abb. 27: **Gletscherzunge des Obersulzbachkees** (Venedigergruppe) mit Seiten- und
Mittelmoränen, Spaltensystemen und Fließstrukturen.

Schriftenreihe des Landespressebüros

A) Serie »SALZBURG DOKUMENTATIONEN«:

Nr. 1 Salzburger Landtag 1945–1975
Festsitzung am 12. Dezember 1975 –
Erklärung von Landtagspräsident Hans Schmidinger   (Dezember 1975)

Nr. 2 Legislaturperiode 1974/1979
Wahlergebnis vom 31. März 1974 – Antrittsrede von
Landtagspräsident Schmidinger –
Regierungserklärung von Landeshauptmann Dr. Hans Lechner   (Jänner 1976)

Nr. 3 Budget 1975
Landesvoranschlag 1975 – Budgetrede von Landesfinanzreferent
Landeshauptmann-Stellvertreter Dr. Wilfried Haslauer – Erklärung
von ÖVP-Klubobmann Dipl.-Ing. Anton Bonimaier –
Erklärung von SPÖ-Klubobmann Sepp Oberkirchner – Erklärung
von FPÖ-Klubobmann Alois Zillner   (Februar 1976)

Nr. 4 Landeshaushalt 1976
Budgetrede von Landesfinanzreferenten Landeshauptmann-Stellver-
treter Dr. Wilfried Haslauer – Erklärung von FPÖ, SPÖ und ÖVP
– Der Landesvoranschlag – Grafische Darstellungen des Budgets –
Landeshaushaltsgesetz 1976   (Februar 1976)

Nr. 5 8. Salzburger Wirtschaftsenquete
Kapitalbedarf und Finanzierungserfordernisse der Gemeinden –
Donnerstag, 22. Jänner 1976   (März 1976)

Nr. 6 Sozialhilfe im Land Salzburg –
Salzburger Sozialhilfegesetz   (März 1976)

Nr. 7 Fünf-Tage-Woche an allgemeinbildenden Pflichtschulen –
Enquete am 16. Jänner 1976   (April 1976)

Nr. 8 DDr. Hans Lechner
15 Jahre Landeshauptmann von Salzburg –
17. April 1961 bis 17. April 1976   (April 1976)

Nr. 9 Verbesserung der Wirtschaftsstruktur im Land Salzburg –
Salzburger Strukturverbesserungsgesetz   (April 1976)

Nr. 10 80 Jahre Bezirkshauptmannschaft Hallein 1896–1976   (August 1976)

Nr. 11 Im Dienst der Gemeinden Salzburgs – Die Gemeindeaufsicht   (September 1976)

Nr. 12 Akademisches Gymnasium Salzburg – Festrede von Landeshauptmann-Stellvertreter Dr. Wilfried Haslauer bei der Eröffnung am
21. Mai 1976   (November 1976)

Nr. 13 Landeshaushalt 1977
Butgetrede von Landesfinanzreferent Landeshauptmann-Stellvertreter Dr. Wilfried Haslauer – Stellungnahmen von ÖVP, SPÖ
und FPÖ – Grafische Darstellungen des Landesvoranschlages 1977
– Erster und Zweiter Finanzbericht 1976 – Mittelfristige Finanzprognose 1976 bis 1980 – Landeshaushaltsgesetz 1977   (Jänner 1977)

Nr. 14 17. April 1961 bis 20. April 1977 –
Landeshauptmann Dipl.-Ing. DDr. Hans Lechner   (Mai 1977)

Nr. 15 Von Hans Lechner zu Wilfried Haslauer –
Landeshauptmannwahl am 20. April 1977   (Mai 1977)

146

Finanzbericht – Mittelfristige Finanzprognose 1982 – 1986 – Landeshaushaltsgesetz 1983 – Mitglieder des Landtages und Zusammensetzung der Ausschüsse (Jänner 1983)

Nr. 68 Die Weltbedeutung der Pinzgauer Rinderzucht –
5. Internationaler Pinzgauer Rinderzüchter-Kongreß* (Februar 1983)

Nr. 69 Landesrat Dipl.-Ing. Anton Bonimaier
Agrar- und Finanzpolitik für Salzburg (März 1983)

Nr. 70 Landesrat Dr. Sepp Baumgartner
Fremdenverkehr, Heimatpflege, Straßenbau (März 1983)

Nr. 71 Ernst Hanisch
Salzburg im Dritten Reich.
Nationalsozialistische Herrschaft in der Provinz.
ISBN 3-85015-001-1 (Juni 1983)

Nr. 72 Friedrich Koja
Direkte Demokratie in den Bundesländern
ISBN 3-85015-002-X (April 1983)

B) Serie »SALZBURG INFORMATIONEN«:

Nr. 1 Daten + Fakten Bundesland Salzburg (Februar 1977)

Nr. 2 Daten + Fakten Bundesland Salzburg
2. Auflage (April 1977)

Nr. 3 Generalinformation Salzburger Presse 77/78 (Juni 1977)

Nr. 4 Behördenführer Bundesland Salzburg* (Oktober 1977)

Nr. 5 Gesundheitswesen Bundesland Salzburg (Juni 1978)

Nr. 6 Generalinformation Salzburger Presse 78/79 (Juni 1978)

Nr. 7 Der Chiemseehof, Sitz des Landtages und der Landesregierung von
Salzburg (Prospekt) (Juli 1978)

Nr. 8 Daten + Fakten Bundesland Salzburg,
3. Auflage (Oktober 1978)

Nr. 9 Wirtschaftsförderung Bundesland Salzburg (Prospekt) (November 1978)

Nr. 10 Soziale Sicherheit Bundesland Salzburg (Prospekt) (Februar 1979)

Nr. 11 Wohnbauförderung Bundesland Salzburg (März 1979)

Nr. 12 Generalinformation Salzburger Presse 79/80 (Juni 1979)

Nr. 13 Erziehungs- und Familienberatung Bundesland Salzburg
(Prospekt) (Jänner 1980)

Nr. 14 Förderung der Landwirtschaft Bundesland Salzburg (Prospekt) (Februar 1980)

Nr. 15 Schwachholzverwertung Bundesland Salzburg (Prospekt) (März 1980)

Nr. 16 Soziale Sicherheit Bundesland Salzburg
2. Auflage (Prospekt) (März 1980)

Nr. 17 Daten + Fakten Bundesland Salzburg
4. (Neu-)Auflage (April 1980)

Nr. 18 Wirtschaftsförderung, Bundesland Salzburg (Prospekt) (Mai 1980)

Nr. 19 Generalinformation Salzburger Presse 80/81 (Juni 1980)

Nr. 20	Der Salzburger Landtag* (Prospekt)	(September 1980)
Nr. 21	Die Salzburger Residenz (Prospekt)	(September 1980)
Nr. 22	Soziale Sicherheit Bundesland Salzburg 3. Auflage (Prospekt)	(Februar 1981)
Nr. 23	Generalinformation Salzburger Presse 81/82	(Mai 1981)
Nr. 24	Erziehungs- und Familienberatung Bundesland Salzburg 2. Auflage (Prospekt)	(Oktober 1981)
Nr. 25	Salzburger Landesdelegation in der Bundeshauptstadt (Prospekt)	(Oktober 1981)
Nr. 26	Wohnbauförderung Bundesland Salzburg 2. Auflage*	(November 1981)
Nr. 27	Wirtschaftsförderung Bundesland Salzburg	(Dezember 1981)
Nr. 28	Die Salzburger Residenz 2. Auflage (Prospekt)	(Jänner 1982)
Nr. 28a	Salzburger Umwelt-Report	(Jänner 1982)
Nr. 29	Soziale Sicherheit Bundesland Salzburg 4. Auflage (Prospekt)	(Februar 1982)
Nr. 30	Schutz und Sicherheit* (Prospekt)	(April 1982)
Nr. 31	Generalinformation Salzburger Presse 82/83*	(Juni 1982)
Nr. 31a	Soziale Sicherheit Bundesland Salzburg 5. Auflage* (Prospekt)	(Jänner 1983)
Nr. 32	Salzburger Landesdelegation in der Bundeshauptstad (Prospekt), 2. Auflage	(April 1983)
Nr. 33	Generalinformation Salzburger Medien 83/84 ISBN 3-85015-005-4	(Juni 1983)

C) SONDERPUBLIKATIONEN

Nr. 1	Geschäftsordnung des Salzburger Landtages	(August 1974)
Nr. 2	Generalinformation Salzburger Presse 1975/76	(Juni 1975)
Nr. 3	Der Schlüssel zur Finanzierung ihrer Neubauwohnung – Ein Ratgeber für Wohnungssuchende im Land Salzburg	(Juli 1975)
Nr. 4	Geschäftsordnung der Salzburger Landesregierung und Geschäftsordnung und Geschäftseinteilung des Amtes der Salzburger Landesregierung	(März 1976)
Nr. 5	Stichwortverzeichnis Salzburger Landesrecht	(Juli 1976)
Nr. 6	Salzburger Landeshaushalt 1976 (Plakat)	(Dezember 1976)
Nr. 7	Geschäftsordnung der Salzburger Landesregierung und Geschäftsordnung des Amtes der Salzburger Landesregierung	(November 1976)
Nr. 8	Generalinformation Salzburger Presse 1976/77	(Juni 1976)
Nr. 9	30 Jahre Salzburger Heimatpflege	(September 1976)
Nr. 10	Salzburger Landeshaushalt 1977 (Plakat)	(Dezember 1976)
Nr. 11	Geschäftsordnung der Salzburger Landesregierung und Geschäftsordnung und Geschäftseinteilung des Amtes der Salzburger Landesregierung	(April 1977)

Nr. 35	Zweiter Landessportplan, Land Salzburg*	(Dezember 1981)
Nr. 36	Salzburger Landeshaushalt 1982 (Plakat)	(Dezember 1981)
Nr. 37	Naturstrandbad Zell am Wallersee (Prospekt)	(Juli 1982)
Nr. 38	Plakat zur Festspiel-Eröffnung	(Juli 1982)

Nr. 39 Kurt Luger/Hans Heinz Fabris
Politstars in den Medien
Das Image von Politikern in den Massenmedien und der öffentlichen
Meinung in Österreich (September 1982)

Nr. 40	Salzburger Festspiele 1982 mit Rückblende*	(November 1982)

Nr. 40a Heinz Pürer
Presse im Umbruch
Zur Zukunft der Presse im Wettbewerb mit den elektronischen
Medien (November 1982)

Nr. 41	Salzburger Landeshaushalt 1983* (Plakat)	(Dezember 1982)

Nr. 42 Landesfeuerwehrverband Salzburg
Das Jubiläumsjahr 1981* (Februar 1983)

Nr. 43	10 Faustregeln für Landesbedienstete	(Februar 1983)

Nr. 44 Friederike Prodinger/Reinhard R. Heinisch
Gwand und Stand. Kostüm- und Trachtenbilder der Kuenburg-
sammlung (Residenz Verlag) (April 1983)

D) Serie »SALZBURG DISKUSSIONEN«

Nr. 1 I. Landes-Symposion
»Landesbewußtsein aus historischer und rechtlich-politischer Sicht« (Juli 1981)

Nr. 2 II. Landes-Symposion*
»Salzburg-Bewußtsein in der Öffentlichkeit« – Demoskopischer
Trendbericht Bundesland Salzburg (Dezember 1981)

Nr. 3 III. Landes-Symposion
»Der Beitrag der Schule und der Erwachsenenbildung zum Landes-
bewußtsein« – Vortragsreihe an der Salzburger Volkshochschule
»Landesbewußtsein und Staatsgefühl, Volk und Nation« (Dezember 1982)

Nr. 4 Frühes Mönchtum in Salzburg
Wissenschaftliche Tagung zur 3. Salzburger Landesausstellung
»St. Peter in Salzburg«
ISBN 3-85015-006-2 (Juni 1983)

E) Serie »BAUDOKUMENTATION UNIVERSITÄT UND ERSATZBAUTEN«

Einführungsband Planungsstand 9/1981 (Dezember 1981)

Bundespolizeidirektion Salzburg*, Teilband 1/I (Dezember 1982)

Die mit * gekennzeichneten Broschüren sind noch erhältlich.
Alle übrigen Publikationen sind vergriffen.